"科学就在你身边"系列

趣味生命科学图解
——生物世界漫游

总 主 编 杨广军
副总主编 朱焯炜 章振华 张兴娟
　　　　　胡　俊 黄晓春 徐永存
本 册 主 编 李付武
本册副主编 谈云超 何凤荣

上海科学普及出版社

图书在版编目（CIP）数据

趣味生命科学图解：生物世界漫游/李付武主编.
—上海：上海科学普及出版社，2012.1（2018.4 重印）
(科学就在你身边系列/杨广军主编)
ISBN 978-7-5427-5056-3

Ⅰ.①在… Ⅱ.①李… Ⅲ.①生命-科学-普及读物
Ⅳ.①Q1-0

中国版本图书馆 CIP 数据核字（2011）第 194935 号

组　　稿　胡名正　徐丽萍
责任编辑　李重民
统　　筹　刘湘雯

"科学就在你身边"系列
趣味生命科学图解
——生物世界漫游
总主编　杨广军
副总主编　朱焯炜　章振华　张兴娟
　　　　　胡　俊　黄晓春　徐永存
本册主编　李付武
本册副主编　淡云超　何凤荣
上海科学普及出版社出版发行
（上海中山北路 832 号　邮政编码 200070）
http://www.pspsh.com

各地新华书店经销　北京兴湘印务有限公司印刷
开本 787×1092　1/16　印张 13　字数 200 000
2012 年 1 月第 1 版　2018 年 4 月第 3 次印刷

ISBN 978-7-5427-5056-3　　　定价：25.80 元

卷 首 语

　　如果一位美丽的姑娘去应聘，招聘单位对她优秀的素质很感兴趣，却无意中看见她的基因报告，得知她患严重抑郁症的概率是80%，而且有很高的自杀倾向，他们还会想用这个人吗？

　　如果你是某所著名大学的招生主管，在新生入学的基因检测表中发现一位各方面都十分优秀的学生携带了暴力和冲动基因，其暴力倾向高出一般人的3倍，虽然他并没有前科，但对这样一个校园暴力的潜在危险者，你会不会考虑将其拒之门外？

　　这些情形未必是遥遥无期的科学幻想，事实上正在悄然发生，而且在现实生活中的应用越来越频繁，越来越广泛……

　　带着兴趣和好奇，让我们一起走进本书，一起在趣味生物世界中漫游，一起去图解生命科学……

目 录　SHENGWU SHIJIE MANYOU

目　录

生命科学之路——生命科学的昨天、今天和明天

生命科学"萌芽"时期——从古代到 16 世纪 …………………（3）
生命科学"开花"时期——16 世纪到 20 世纪 ………………（6）
生命科学"结果"时期——20 世纪至今 ……………………（12）

生命科学之趣——趣味生命科学巡礼

不可思议的动物迁徙行为——螃蟹、北极燕鸥、丹顶鹤、鸽子 …（17）
动物的绝妙防身术——保护色、警戒色、逃逸 …………………（24）
动物的求爱行为——青蛙鸣声、孔雀开屏、萤火虫闪光 ………（27）
自然界的光影魔术师——十大最神奇的发光生物 ……………（30）
奇闻逸事话昆虫——拟态 ………………………………………（36）
昆虫界的五项全能冠军——蝼蛄 ………………………………（38）
看似"温柔"实为"杀手"——恐怖的四大植物杀手 ……………（41）
植物王国的运动健将——四大植物运动高手 …………………（47）

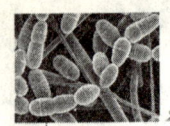

赏心悦目惹人爱——中国十大名花 ……………………………… (53)
植物也有七情六欲——植物的"爱"与"恨" ………………………… (59)
谈毒色变——日常生活中四大有毒植物 …………………………… (62)
路边的野花和野果可以采——十大常见可食用植物 ……………… (67)
城市的名片——中国十大城市的市花 ……………………………… (73)
微生物的特性——孙悟空本领、猪八戒胃口、超生游击队 ……… (78)
是敌是友——人体是细菌的天然游乐场 …………………………… (84)

生命科学之"民星"——诺贝尔奖之外的中国先行军

人工合成蛋白质奠基人——王应睐 ………………………………… (91)
中国"杂交水稻之父"、"当代神农"、"米神"——袁隆平 …… (93)
中国生物界的"居里夫妇"——童第周和叶毓芬 ………………… (97)
中国的摩尔根——谈家桢 …………………………………………… (100)
与鸟儿一起飞翔——郑作新院士 …………………………………… (103)
用生命探索生命一代宗师——贝时璋 ……………………………… (105)

生命科学之用——生活的好帮手

我是治病能手——常见的药用植物 ………………………………… (111)
食用菌——香飘万里话香菇,真菌皇后之竹荪 …………………… (116)
"酸酸甜甜就是我"——乳酸菌 …………………………………… (119)
深巷飘国窖,回味无穷中的秘密——酵母菌 ……………………… (121)
制醋巧手——醋酸杆菌 ……………………………………………… (122)
水底气源——甲烷菌 ………………………………………………… (123)
微生物固氮工厂——固氮菌 ………………………………………… (125)

目 录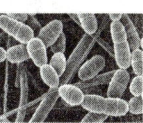

未来的能源新秀——细菌发电 …………………………………… (127)
点石为金——细菌冶金 …………………………………………… (129)

生命科学之剑——工欲善其事，必先利其器

分子生物家的手术刀——限制性内切酶 ………………………… (133)
基因运载工具——运载体 ………………………………………… (135)
基因的"复制机"——PCR扩增仪 ………………………………… (138)
揭开生命奥秘的重要仪器——色谱仪 …………………………… (140)

生命科学之奇——现实中的神话

生物工程界的魔术师——酶工程 ………………………………… (145)
去污能手——加酶洗衣粉 ………………………………………… (147)
木乃伊归来，一切皆有可能——细胞工程与克隆 ……………… (149)
梦幻之畜——转基因动物 ………………………………………… (153)
一个美丽的神话——转基因食品 ………………………………… (158)
《侏罗纪公园》中恐龙的复活，不是神话——基因工程 ……… (161)
一滴口水就能测出早恋基因——基因工程在早恋现象的应用 … (164)
揭开亲子鉴定的神秘面纱——基因工程在家庭关系中的应用 … (166)
基因治疗还只是商业神话——基因疗法与疾病治疗 …………… (170)
生物导弹——单克隆抗体药物 …………………………………… (173)
撑起生物技术产品的半壁江山——发酵工程 …………………… (176)
酒虽然好喝，可不要贪杯——发酵工程与葡萄酒 ……………… (178)
21世纪是蛋白质工程的世纪——蛋白质工程 …………………… (181)
让动物成为蛋白制药"工厂"——蛋白质工程的应用 ………… (186)

趣味生命科学图解

生命科学之美——生命科学与文学艺术

借动物以言志——动物与文学 …………………………………………（191）
寄予植物的情怀——植物与文学 ………………………………………（194）
文学果酒区——葡萄酒与文学 …………………………………………（200）

生命科学之路
——生命科学的昨天、今天和明天

没有生命的世界是残缺的世界,世界正是因为有了生命而变得精彩。在古往今来的神话传说、宗教、哲学、文学艺术和科学中,对生命的认识是其永恒的主题。生命科学是研究生命现象的学科,今天的生命科学是经过漫长的历史发展过程而逐渐形成的。

古代的国内外科学家是怎么理解生命科学的?在这一篇中,将为你一一道来。

◆龙血树独特外形收集雨水

生命科学之路——生命科学的昨天、今天和明天

生命科学"萌芽"时期
——从古代到 16 世纪

　　生命科学,从语义上来说,就是研究生物体及其运动规律的科学。广义的生命科学还包括生物技术、医学、农学、生物与环境,生物学与其他学科交叉的领域。

　　我们经常在科幻电影中看到各种各样涉及时间隧道的故事情节。让我们首先穿过那神秘的时间隧道,到时间隧道的另一头,看看远古时代的人们是怎样看待生命科学的。

古人看生命科学

　　我国古代认为的"腐草化为萤"(即萤火虫是从腐草堆中产生的),腐肉生蛆等,即生命是从无生命物质自然发生的。古代人看到土壤里有蚯蚓,以为蚯蚓是土壤的后代;看到盔甲里藏着跳蚤,以为跳蚤是盔甲的后代。看到这里,你可能会捧腹大笑,笑古人无知。在远古时代,人类知识水平确实很低,他们不知道什么是生物,什么是非生物,因此更谈不上正确地认识生命科学了。

◆思考中的古代人

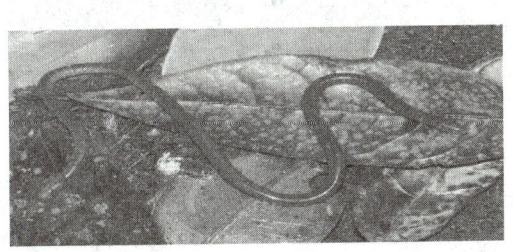

◆土壤中的蚯蚓

趣味生命科学图解

国外的古代生命科学

◆古希腊哲学家亚里士多德

在欧洲以古希腊为中心,著名的学者有亚里士多德(研究形态学和分类学)和古罗马的盖仑(研究解剖学和生理学),他们的学说在生物学领域内整整统治了1000年。他们在解释生命现象时,认为有机体最初是从有机物里产生的,无机物可以变成有机的生命。亚里士多德将目的论引入生物学,直到达尔文的进化论创立以后,亚里士多德的目的论才逐渐被社会否定。但是亚里士多德对生物界的认识、见解和研究,以及对后来生物学发展的影响,是不可磨灭的。

中国的古代生命科学

中国古代的生命科学,侧重研究农学和医药学。公元前2000年,中国的仓颉整理象形文字,以鸟、兽、虫、鱼为偏旁规范生物名称初具生物分类思想。公元前500年,中国的《尔雅》出现类和属的概念,将植物区别为草本和木本,将动物分为虫、鱼、鸟、兽、畜。在我国出土的距今约8000年前的彩陶绘画和陶塑等文物中,就保存了丰富的直观的动、植物知识。

是人面鱼纹彩陶盆,1955年在陕

◆周祖谟《尔雅校笺》

生命科学之路——生命科学的昨天、今天和明天

西西安半坡出土,作为新石器时代仰韶文化的杰出代表,盆内壁所画人面的两侧各有一条小鱼,鱼以头抵在人的耳部,似对着人喁喁私语。

◆人面鱼纹彩陶盆

拓展思考

1. 什么是生命科学?
2. 古代的国外科学家是怎么理解生命科学的?
3. 古代的中国科学家是怎么理解生命科学的?
4. 为什么要学习生命科学?

生命科学"开花"时期
——16世纪到20世纪

好了,我们在时间隧道的那一头呆得时间不短了,让我们回到现在,看看现代人类是如何解释生命科学的。目前科学家们普遍认为,现代生命科学系统的建立始于16世纪,这个时期发生了影响力比较大的事情。

生命科学大事记之一

1665年,胡克发表了《显微图集》一书,是欧洲17世纪最主要的科学文献之一。他制造出一种能放大270倍的显微镜。他把观察到的生命体称作"细胞",从此"细胞(cell)"一词被生物界采用。

◆胡克制造的显微镜

◆列文虎克

生命科学大事记之二

1675~1683年,荷兰科学家列文虎克用显微镜首次发现了轮虫、滴虫和细菌。

生命科学之路——生命科学的昨天、今天和明天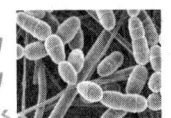

安东·列文虎克（1632～1723年）是研究微生物的第一人，他最大的贡献是利用自制的显微镜发现了微生物世界（当时被称之为微小动物）。利用这种显微镜，他清楚地看见了细菌和原生动物。列文虎克首次揭示了一个崭新的生物世界——微生物界。由于他的划时代贡献，1680年被选为英国皇家学会会员。

生命科学大事记之三

1768年，瑞典著名植物学家林奈在《自然系统》一书中正式提出科学的生物命名法——双名法，即每个物种的科学名称（学名）有两部分组成，第一个字是属名，第二个字是种名，种名后面还应有命名者的姓名，有时命名者的姓名可以省略。双名法的学名均为拉丁文且为斜体字，例如银杏（学名：*Ginkgo biloba，Linn.*）。

在1600年，人们知道了约6000种植物，而仅仅过去了100年，植物学家又发现了12000个新种。到了18世纪，对生物物种进行科学的分类变得亟为迫切。林奈正是生活在这一科学发展新时期的一位杰出的代表。

◆林奈

生命科学大事记之四

1838～1839年，德国人施莱登、施旺提出了"细胞学说"，即植物、动物是由细胞组成的。

现在一般认为细胞学创立于19世纪30年代，是由施莱登（1804～1881年）、施旺（1810～1882年）以及稍后的数位生物学家共同完成的。他们共同提出了细胞学说的基本观点，提出细胞是独立的生命单位；新细胞只能通过老细胞分裂繁殖产生；一切生物都是由细胞组成并由细胞发育而来的。

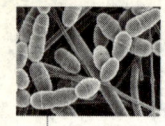

QUWEI SHENGMING
KEXUE TUJIE

▶▶▶▶▶▶▶▶▶▶▶▶▶▶ 趣味生命科学图解

◆施旺

◆施莱登

生命科学大事记之五

◆达尔文与《物种起源》

1859年，英国生物学家达尔文出版《物种起源》一书，第一次用大量的事实和系统的理论论证了生物进化的普遍规律。

马克思是这样评价达尔文的《物种起源》的，"达尔文的《物种起源》非常有意义，这本书可以用来当做历史上阶级斗争的自然科学根据。"

1859年成为划分科学史前后两个"世界"的界限。《物种起源》的出版，使生物学发生了一场革命，这场革命如同马克思主义登上历史舞台一样意义重大，影响深远。这部著作的问世，第一次把生物学建立在完全科学的基础上，以全新的生物进化思想推翻了"神创论"和"物种不变"的理论。

生命科学大事记之六

1866年，奥地利生物学家孟德尔通过研究豌豆相关性状的遗传规律，

生命科学之路——生命科学的昨天、今天和明天

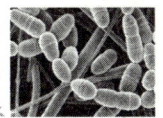

发表《植物杂交试验》一文，并提出了遗传学的两个基本定律——基因的分离定律和基因的自由组合定律。

◆孟德尔

◆巴斯德在他自己的实验室里

生命科学大事记之七

路易·巴斯德（1822～1895年）是法国著名的微生物学家。他开创了微生物生理学，被后人誉为"微生物学之父"。

1881年，巴斯德改进了减轻病原微生物毒力的方法。他观察到患过某种传染病并得到痊愈的动物，以后对该病有免疫力。他据此用减毒的炭疽、鸡霍乱病原菌分别免疫绵羊和鸡，获得成功。这个方法大大激发了科学家的热情。从此人们知道利用这种方法可以免除许多传染病。

生命科学大事记之八

1915年，美国生物学家摩尔根创立了现代遗传学的基因学说。他提出了"染色体遗传理论"。摩尔根发现，代表生物遗传秘密的基因存在于细胞的染色体上；基因在每条染色体内是直线排列的。不同染色体之间的基因是可以自由组合，而排在同一条染色体上的基因是不能自由组合的。摩尔根把这种特点称为基因的"连锁"现象。摩尔根在长期的试验中发现，同源染色体之间可以发生基因的交叉互换，交换的概率很小，只占1％。摩尔根发现的"基因连锁和交换定律"，被誉为遗传的第三定律。

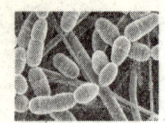

QUWEI SHENGMING
KEXUE TUJIE

趣味生命科学图解

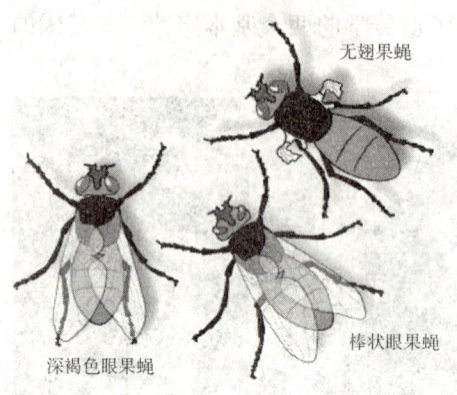

无翅果蝇
深褐色眼果蝇
棒状眼果蝇

◆摩尔根的试验材料—果蝇

◆摩尔根

生物世界漫游

生命科学大事记之九

◆艾弗里

1928年，英国医学微生物学家格里菲斯发现了肺炎双球菌的转化现象。1944年，美国细菌学家艾弗里首次证明DNA是遗传物质。

格里菲斯的研究对象是肺炎的病原菌——肺炎双球菌。肺炎双球菌有两种类型，一种含有多糖的荚膜，菌落光滑，称为"S型"细菌；一种不含多糖荚膜，菌落粗糙，称为"R型"细菌。格里菲斯以小鼠为材料做实验（如下页图），并提出在"S型"菌体内存在某种转化因子，但并不知道是什么物质。1944年，艾弗里进一步证实这种转化因子是脱氧核糖核酸（DNA）。

生命科学之路——生命科学的昨天、今天和明天

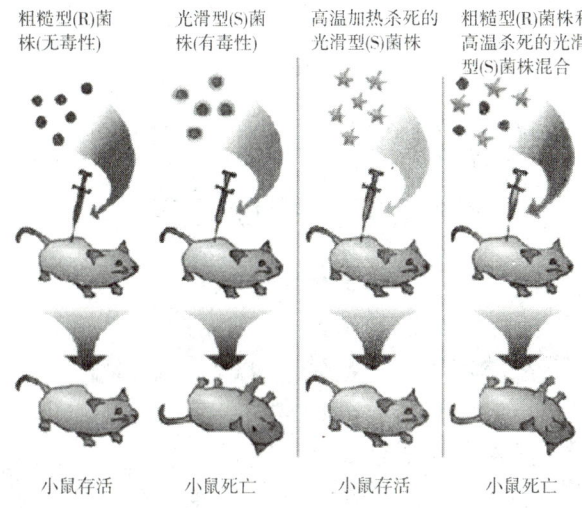

◆格里菲斯发现肺炎双球菌的遗传转化经典试验

生命科学大事记之十

1953年，沃森和克里克共同提出了DNA分子的双螺旋结构，标志着生命科学的发展进入了分子生物学阶段。

DNA双螺旋结构的提出，开启了分子生物学时代。在以后的近50年里，分子遗传学、分子免疫学、细胞生物学等新学科如雨后春笋般出现，一个又一个生命的奥秘从分子角度得到了更清晰的阐明。DNA重组技术更是为利用生物工程手段的研究和应用开辟了广阔的前景。

◆沃森和克里克

生命科学"结果"时期
——20世纪至今

生命科学"成果"收获大事记 1

1978年世界上第一例试管婴儿诞生。

1978年世界上第一例试管婴儿——路易丝·布朗通过剖宫产成功降生,被称为人类医学史上的奇迹。

"试管婴儿"并不是真正在试管里长大的婴儿,而是从卵巢内取出卵细胞,在实验室里让它们与男方的精

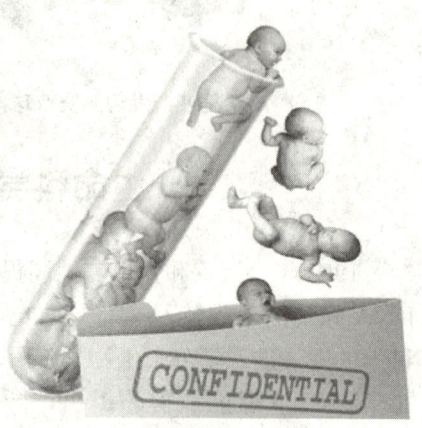

◆试管婴儿比喻图

子结合,在体外培养成早期胚胎,然后将胚胎转移到子宫内,使之在妈妈的子宫内着床,妊娠。正常的受孕需要精子和卵细胞在输卵管相遇,两者结合后形成受精卵,然后受精卵再回到子宫腔,继续妊娠。所以"试管婴儿"可以简单地理解成由实验室的试管代替了输卵管的功能而称为"试管婴儿"。

◆"试管婴儿之父"、世界上首个试管婴儿路易丝·布朗与她的儿子卡梅伦

左图中间为世界上首个试管婴儿

生命科学之路——生命科学的昨天、今天和明天

路易丝·布朗与她的儿子卡梅伦（右边），左为"试管婴儿之父"罗伯特·爱德华兹教授。

生命科学"成果"收获大事记2

1988年中国首例试管婴儿诞生。

1988年3月10日，我国首例试管婴儿郑萌珠在北京医科大学第三医院诞生。这是一个体重3900克、身长52厘米的女婴。她哭声响亮，身体丰满健壮。

从1988年到2004年，中国大陆已有1万多例试管婴儿出生。

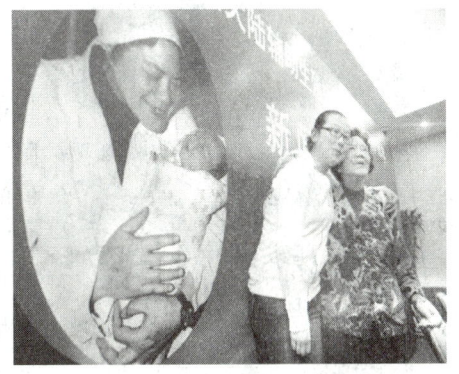

◆首例试管婴儿郑萌珠2008年特意回到出生地北京看望了为她接生的"神州试管婴儿之母"张丽珠教授

生命科学"成果"收获大事记3

1996年7月5日，克隆羊"多利"出生。

英国爱丁堡罗斯林研究所的伊恩·维尔莫特领导的一个科研小组，利用克隆技术培育出一只小母羊。克隆羊多利的诞生，引发了世界范围内关于动物克隆技术的热烈争论。它被美国《科学》杂志评为1997年世界十大科技进步的第一项。科学家们普遍认为，多利的诞生标志着生物技术新时代的来临。

◆克隆之父伊恩·维尔莫特与克隆羊多利

趣味生命科学图解

生命科学"成果"收获大事记 4

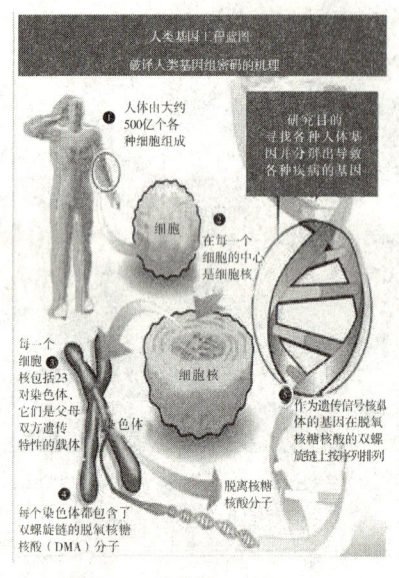

◆人类基因工程蓝图

2000年,中、美、日、德、法、英6国科学家联合宣布成功绘制出人类基因组草图。

人类基因组计划(HGP)于1990年正式启动的。美国、英国、法国、德国、日本和我国科学家共同参与了这一价值达30亿美元的人类基因组计划。按照这个计划的设想,要把人体内约10万个基因的密码全部解开,同时绘制出人类基因的谱图。换句话说,就是要揭开组成人体4万个基因的30亿个碱基对的秘密。人类基因组计划与曼哈顿原子弹计划和阿波罗计划并列称为三大科学计划。

拓展思考

1. "试管婴儿"是不是在试管里长大的婴儿?
2. 世界上第一只用克隆技术克隆出的羊名字叫什么?
3. 中国是否参与了人类基因组计划?

生命科学之趣
——趣味生命科学巡礼

大千世界,无奇不有,形形色色的古怪植物、动物、微生物,遍布地球上各个角落,在繁华的现代都市,在富饶的广大田野,在人际罕见的高山之巅,在神秘的海洋深处,到处都是它们生存的地方,生命科学领域的这些奇闻趣事,你也曾经耳闻目睹过,这些奇闻和自然现象显得神秘莫测,引起了人们浓厚的兴趣。

本书收集了关于生命科学领域的各种奇闻和一些当时尚难解释的自然现象,将带领你漫游这个博大的"生命科学公园",从新奇的动物行为(迁徙、防身、求爱等行为)、古怪的植物王国、微生物家园出发,向读者介绍了一些趣味的生物知识,让大家在妙趣横生中收获知识。

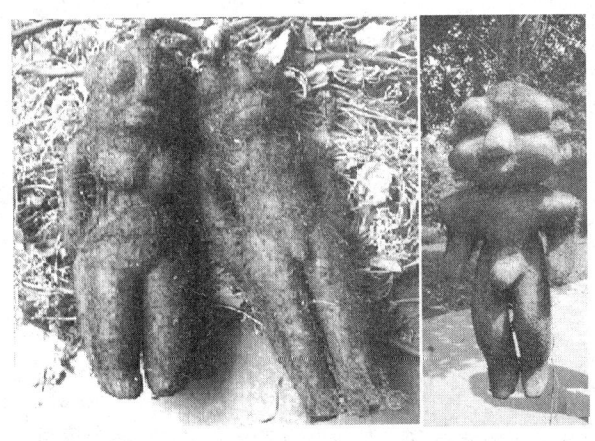

◆酷似"人形"的神奇植物——何首乌

生命科学之趣——趣味生命科学巡礼

SHENGWU SHIJIE MANYOU

不可思议的动物迁徙行为
——螃蟹、北极燕鸥、丹顶鹤、鸽子

动物迁徙是自然界里一些最动人的现象，有的迁徙以速度之快著称，有的迁徙则以规模见长，有些迁徙距离和时间长得让人叹为观止。有意思的是，有的迁徙则创下了速度最迟缓的纪录。以下是几个不可思议的动物迁徙的例子。

灿烂动人的爱情之路
——螃蟹大军

东印度洋的圣诞岛上，每年的10月份，圣诞岛就进入了雨季。此时蛰伏在洞穴里的红蟹似乎听到了爱情的召唤，它们开始走出家门，爬向海边去搭建爱巢，寻找配偶。从红蟹的栖息地到海边的沙滩不足3千米的距离，是红蟹们寻觅爱情的必经通道，也是一条充满凶险的艰难旅程。

它们趁着清晨的阴凉，以每小时700米的速度从树林里出发，当爬出树林时，赤道的烈日已经等候它们多时了。仿佛一下子就进入了50多℃的烤炉里，毒辣的太阳光迅速地蒸发着它们身上的水分。为了不被烤干，它们加快速度向海边

◆圣诞岛的螃蟹大军

生物世界漫游

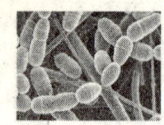

QUWEI SHENGMING
KEXUE TUJIE

趣味生命科学图解

◆螃蟹无处不在

爬行。那些体质差的老、饿、弱、残蟹，却无法经受这种"烤"验，暴晒使它们的身体迅速脱水，它们再也无力爬行了，只能带着对爱情的渴望，永远搁浅在通往海滩的路上。

活下来的红蟹们仍不能松懈，因为它们马上就会迎来下一个生死考验：那是几条运送矿石的铁轨，横亘在它们前行的路上。这些发着亮光的铁轨，在太阳的烘烤下，可以达到80℃，从上面经过，无异于是经受炮烙之刑。每次蟹群经过铁轨，都会在附近留下大量红蟹的尸体，而每只死去的红蟹，头都朝着海滩的方向，它们的身体还依然保持着爬行的姿势。

经过这一路光与热的洗礼、生与死的考验，最终到达海边时，数量已经不多了。它们在海滩上筑起爱巢，交配产卵，然后生活在海滩上，直到终老。据统计，每年都有超过500万只红蟹长眠在这条不足3千米的路上，这个数量达到了岛上红蟹种群的十分之一。为了海边上那短暂的爱情之约，为了下一代的繁衍生息，红蟹们前仆后继，殒身不恤，令人惊叹。这是一条危机重重的死亡之路，但红蟹的爱与责任，让它成为一条灿烂动人的爱情之路。

◆超级壮观的圣诞岛红蟹大迁徙

生命科学之趣——趣味生命科学巡礼

迁徙距离最远的世界纪录保持者
——北极燕鸥

飞鸽千里传书，燕子秋去春来，这些都是人们熟知的现象。但是，使人们一直迷惑不解的是，据记载曾有一只鸽由西非飞行了5.5天经过9000多千米的长途返回英国老家之中。极地燕鸥每年往返于南北极之间。这些鸟是根据什么，能年复一年准确地返回它们的繁殖或越冬地区的呢？

北极燕鸥这种轻盈的海鸟，看上去轻得好像会被一阵狂风吹走似的，然而它们却能进行令人难以置信的长距离飞

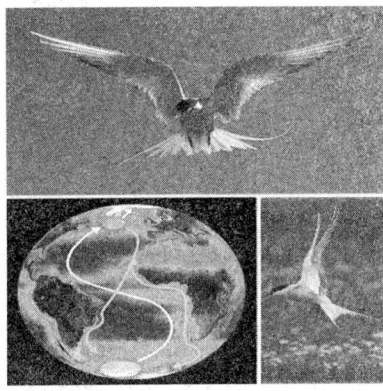

◆北极燕鸥的大迁徙

行。北极燕鸥是体型中等的鸟类。它们一般长33～39厘米，翼展76～85厘米。其羽毛主要呈灰和白色，喙和两脚呈红色，前额呈白色，头顶和颈背呈黑色，腮帮子呈白色；其灰色翅膀为305毫米，肩羽带棕色；上面的翼背呈灰色，带白色羽缘，颈部呈纯白色，其带灰色羽瓣的叉状尾部亦然；其后面的耳覆羽呈黑色。

知识库——北极燕鸥的吉尼斯记录保持者

北极燕鸥是目前已知的动物中迁徙距离最远的世界纪录保持者。北极燕鸥从加拿大北部的繁殖地迁往南极洲南部近海，然后再返回繁殖地。考虑到北极燕鸥根据盛行风向进行迂回飞行，每年每只鸟往返一次，平均飞行要超过7万千米。

下页图中线代表着北极燕鸥从北极到

◆北极燕鸥

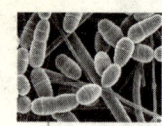

QUWEI SHENGMING
KEXUE TUJIE

趣味生命科学图解

南极的路线。不难看出,北极燕鸥们在北大西洋逗留了一段时间补充能量。线则是北极燕鸥返回路线,它们所走的"S"形路线完全符合盛行风原理。

◆北极燕鸥从北极到南极的路线

"人"字形迁徙——丹顶鹤

产于我国的珍稀动物丹顶鹤总是成群结队地迁徙,而且排成"人"字形。这"人"字形的角度永远是110°左右。如果计算得更精确些,"人"字夹角的一半,即每边与丹顶鹤群前进方向的夹角为54°44′08″,而世界上最坚硬的金刚石晶体的键角也恰好是这个度数。这是巧合还是某种大自然的"契合"?

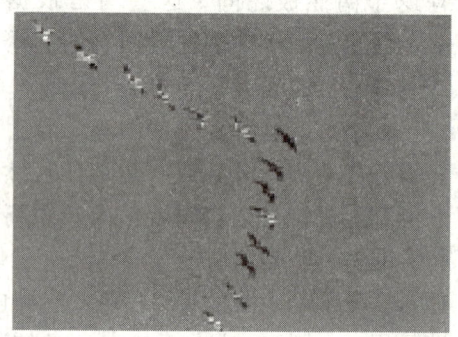

◆丹顶鹤的"人"字形迁徙

活罗盘——鸽子

人们爱好信鸽由来已久。当人们还在想象着"鱼腹藏书"和"雁足传书"的时候,只有信鸽这个有羽毛的"使者","怀着"对旧园故土的深切眷念,英姿勃勃,展翅高飞,为人们迅速传送乡音。

◆信鸽

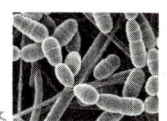

生命科学之趣——趣味生命科学巡礼

知识库——鸟类靠什么来决定航向的?

我们知道哥伦布从1492年开始应用罗盘横渡大西洋航行发现新大陆,但是早在几百万年以前,鸟类就已经若无其事地在环球飞行了,而且在夜间也依旧能赶路。它们是靠什么来决定航向的?北极星?太阳?风还是地磁?它们的方向意识又是从何而来的?

【观点一:利用地球磁场定向】

不少科学家认为,一部分飞禽是靠地球磁场来定向导航的,信鸽导航就是典型的例子。我们知道,地球上的每一个点都有它自己的地磁场强度和地球因自转而产生的科里奥利力(转动中出现的一种惯性力)。磁场对于生命就像空气、水对于生命一样,是不能缺少的。空气和水,谁都能感觉到,可是谁也没有感觉到身边存在着磁场。这是因为生物在长期的演化过程中,已经适应了这一物理环境因素。可是,信鸽不仅能清楚地知道自己居住地的磁场强度和科氏力的大小,并且能随时识别地磁场强度和科氏力的细微差异,它们就是凭借着这种特殊本领准确无误地飞回家的。

【观点二:根据太阳和星辰导航】

20世纪初,有人提出了一个假说,认为鸟类是依靠太阳来指引方向的。德国鸟类学家克莱默博士设计了一套实验方案,用以测验这一假说。克莱默注意到,当迁徙季节来临时,笼中的鸟会惶惶不可终日地乱跳。此时,他把几只关在笼子里的欧木鸟放进一个圆形的亭子里,亭子里开个只能看见天空的窗,然后记录下亭中每只鸟栖息的位置。他发现,它们经常头朝着本应迁徙的方向。当窗户关上

◆北京2008年奥运会期间,和平鸽在天安门上空飞翔

◆大雁排成"人"字形,向南方迁徙

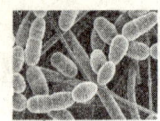

趣味生命科学图解

后,它们就会失去方向,四处乱飞乱跳。后来,他装了一盏"灯光假太阳",让人工太阳在错误的时间和方向升落。结果亭中的鸟又朝向人工太阳的错误方向飞去。另一个相关的实验又证明了飞鸟也能根据星辰进行定位。那么,飞禽为什么能根据太阳和星辰来导航呢?有些科学家提出,光照周期可能是其中的关键因素。他们认为,飞禽的体内都有生物钟,这些生物钟始终保持着与它们出生地或摄食地相同的太阳节律。

◆大雁排成"人"字形,向南方迁徙

生物世界漫游

 动动手——怎么训练信鸽?

训练信鸽的过程是很有趣的,其中有技术问题,也有理论问题——条件反射。

神经系统活动的基本方式是反射。反射分为条件反射和非条件反射两种。非条件反射是简单的反射,是生来就有的;条件反射是复杂的反射,是在生活过程中为了适应环境的变化,在非条件反射的基础上逐渐形成的,是由条件刺激(信号)所引起。例如我们以一定的声音(例如哨音)呼唤鸽子并给予饲料,反复多次后,哨音就会成为鸽子食物到来的信号,它一听到哨音,就会迅速集中到鸽棚吃食。

◆训练鸽子

训练信鸽的工作是由近而远逐步进行的,当鸽子飞回鸽棚后,就要给以饮水和佳饵,以资"奖励"。这样就能逐步形成并加深鸽子放飞后迅速飞归的条件反射。此外,养鸽行家们还有许多好经验,例如信鸽

◆训练信鸽

生命科学之趣——趣味生命科学巡礼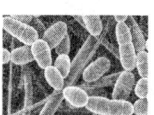

回归后,不能以粗暴态度对待,要准备水盆给其洗浴,放飞时不能一对鸽齐放(只放飞一对鸽中的一只,另一只让它守"家")等。这些经验说穿了只有一句话——加深家鸽对鸽棚的恋念,也就是要不断巩固和加深这种条件反射,使家鸽在千里之外,能排除万难,迅速飞返鸽棚。

1. 动物界迁徙距离最远的世界吉尼斯纪录保持者是谁?
2. 螃蟹大军是如何前仆后继殒身不恤地追求自己的爱情的?
3. 鸟类的飞行是靠什么来决定航向的?
4. 动物的绝妙防身术有哪些呢?
5. 动物是如何向自己喜欢的对象传递爱情的?
6. 信鸽为什么被称为活罗盘?

趣味生命科学图解

动物的绝妙防身术
——保护色、警戒色、逃逸

动物一生中面临着很多的危险：天灾、天敌、疾病等等。尤其是弱小动物，须得随时防备天敌的侵犯，与之做斗争以求得生存。可以说，动物的防敌之术五花八门、千奇百怪。

◆翠绿色螳螂

保护色

◆褐色螳螂

◆白熊适宜在冰块上生活

动物身体的颜色与其栖息环境相似，以此避敌求生，这种在体色上对环境的适应叫保护色。即使是同样的动物，也会因为生活环境的不同而呈现不同的颜色，与周围的环境相互协调。在叶子上的螳螂，全身是翠绿色的，生活在泥土上或歇息在树枝上的螳螂，则是褐色的。

在终年冰雪覆盖的北极，白熊就是雪白的，适宜在冰块上生活。沙漠中的跳鼠，身体是沙黄色的，同沙漠中的沙子颜色相适应。生长在非洲矮灌木丛和疏林草原上的长颈鹿，它的花斑肤色和周围的草叶巧妙相配。

生命科学之趣——趣味生命科学巡礼

警戒色

一些能释放毒液或恶臭的动物，其体表多具醒目的色泽或斑纹。其意义在于警示或吓退其捕食者，所以称这种体色为警戒色。

▶箭毒蛙的警戒色

逃逸

有些动物遇敌害时会采取一定方式迷惑捕食者趁机逃走，这样的保护性适应方式叫逃逸。

逃逸方式1——黄鼬能放臭熏敌

放屁虫的自卫术可谓是"惊天动地"了。在遇到袭击时，它会爆出一声巨响，随即向前来袭击的敌人喷出混合着过氧化氢及醌醇的臭液。待敌人从巨响和臭液中清醒过来时，放屁虫早就逃之夭夭了。"臭"名昭著的臭鼬，也会用毒液袭击敌人。这种毒液是一种名为硫醇的硫化物，奇臭无比，中了这种毒液的动物虽然不至于丧命，但以后只要再碰上臭鼬，必定对它避而远之。可见毒液的威力还是不小的。

▶黄鼬能以臭气退敌

逃逸方式2——动物的残体自卫

你一把抓住蜥蜴的尾巴，它会将尾巴留在你的手中，而身体一下子窜入到老树墩子下面的洞中去了。用不了多久，蜥蜴的尾巴又长了出来。

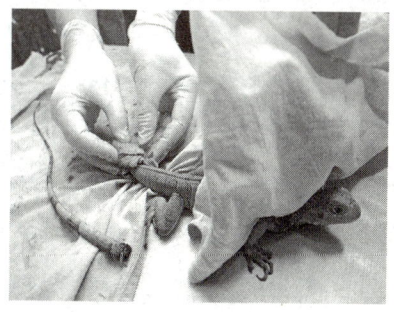
▶蜥蜴会断尾来逃生

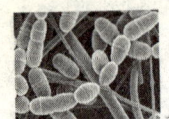
QUWEI SHENGMING KEXUE TUJIE
趣味生命科学图解

上页右下图中就是某生物实验课上实验员把蜥蜴的尾巴弄下来——为了验证生物课讲的蜥蜴的断尾逃生,以保自身平安无事。

逃逸方式3——乌贼喷出墨团趁机逃逸

乌贼墨又称乌贼腹中墨。来源于乌贼墨囊中的墨汁。

◆乌贼喷出墨团

拓展思考

1. 动物的防敌之术有哪些?
2. 动物身体的颜色与其栖息环境相似,以此避敌求生。以体色对环境的适应,这种行为叫做什么?

生物世界漫游

生命科学之趣——趣味生命科学巡礼

SHENGWU
SHIJIE MANYOU

动物的求爱行为
——青蛙鸣声、孔雀开屏、萤火虫闪光

青蛙的鸣声示爱

"黄梅时节家家雨,青草池塘处处蛙。"这是有名的宋词,描写雨后蛙鸣,颇为美妙传神。让作者始料不及的是,他描写的居然是雄蛙的求爱仪式,原来蛙求偶时,喜欢"大家一起来"的方式。

雄蛙集体蹲在河流或池塘里,鼓起腮来呱呱大叫,用叫声吸引雌蛙来到交配产卵的地点。某些种类的青蛙,一群雄蛙在一起大合唱时,还有一个合唱指挥,领导大家一起呱呱大叫。雄蟋蟀在求爱方面更工于心计,它首先在地面上营造一个有两条入口隧道的巢穴,然后蹲在两条隧道交叉处,用前翅互相摩擦发出一种颤音。隧道的特殊形状正适合把声音扩大,这种自制的"扬声器"播出高于原音的立体声求偶曲,吸引从洞口经过的雌蟋蟀。

◆雨后蛙鸣其实是求爱的仪式

趣味生命科学图解

孔雀开屏——自作多情

◆孔雀开屏"比美"是为了取悦异性

◆孔雀开屏画

孔雀是象征吉祥如意的幸福鸟，自古以来就深受人们的喜爱。孔雀开屏在民间有各式各样的说法。有人说它得意洋洋地向人们展示自己羽毛的美丽；有人说它是听到人们对它的赞美，报答人们的好意；还有人说它与穿着华丽衣服的人们比美，看谁更漂亮等等。其实，对孔雀开屏主要有两种假说，一种是"性选择"假说，每年4～5月间，正是孔雀的繁殖季节，这时它全身的羽毛焕然一新，雄鸟常常用羽色向雌鸟献媚，张开美丽的翅膀和尾屏，追随在雌鸟的周围，婆娑起舞，有开屏、回转、舞步、奏鸣、弄姿、抖动尾屏等步骤，发出"沙沙"的声音，以求得雌鸟的青睐。有时几只雄孔雀为了争夺一只雌孔雀而争相开屏，形成了"选美竞赛"一样的奇观。还有一种"不易被捕"假说，认为孔雀开屏是一种防御反应。当孔雀遇到侵犯它的动物时，就会开屏警告敌人："我的本领比你高强，你不要枉费心机。"在动物园里，游客们的大声谈笑，鲜艳的服装，都可能刺激孔雀开屏，这正是一种警惕戒备、示威防御的动作。

闪光求偶——萤火虫

"银烛秋光冷画屏，轻罗小扇扑流萤，天街夜色凉如水，卧看牵牛织

生命科学之趣——趣味生命科学巡礼

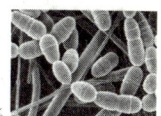

SHENGWU
SHIJIE MANYOU

女星。"让我们重温唐朝诗人杜牧这首情景交融的诗句,想象夜空中与星光媲美的点点流萤,思考发光的生物学意义?原来萤火虫靠准确的闪光密码来求偶,雄虫这样做是为了吸引异性,雌虫则利用闪光表示自己已收到信息。每一种萤火虫都有各自的一套闪光密码。大多数萤火虫求偶时对别种萤火虫的闪光信号无动于衷。以美国黑萤火虫为例,雄虫飞行时每 5.7 秒闪光一次,当它飞到距离歇息地上的雌性同类只有 3~4 米时,雌虫会闪光回应,每次比雄虫闪光的时间晚 2.1 秒;还有些雄虫飞行时发橙色光,地面雌虫发绿色光回应。萤火虫的这种爱情密码并非是不可破译的,有一种雌萤火虫,惯于模仿另一种雌萤火虫的密码,以引诱该种类的雄虫。

◆夜幕下的萤火虫

◆收集在瓶子的萤火虫

生物世界漫游

拓展思考

1. 雨后蛙鸣的现象,生物学家如何解释?
2. 生物学家是如何解释孔雀开屏现象的?
3. 萤火虫靠什么来求偶?

"科学就在你身边"系列

趣味生命科学图解

自然界的光影魔术师
——十大最神奇的发光生物

大千世界,无奇不有。许多生物自身能发光,常见的如萤火虫。还有一些生活在海洋中的物种也能发光,有些甚至能将海洋点亮,在夜晚形成蓝色的潮汐。科学美国人网站评选出10种能发光的奇特物种。

1. 发光蘑菇

在全球各地的森林中,都存在蘑菇发光的现象。本图中显示的就是在巴西雨林中发现的"Mycena"发光蘑菇物种。研究人员声称,现在已发现了70多种发光蘑菇。

◆发光蘑菇

2. 发光蚯蚓

全球各地有数十种蚯蚓可以产生一种发光黏液,用来迷惑和恐吓捕食者。图中这种蚯蚓发现于美国乔治亚州南部,它最长可以长到50厘米。

发光蚯蚓在世界范围内广泛分布,大多数发光蚯蚓的发光体系包含于蚯蚓体腔液内充满颗粒的细胞内。早期对不同种发光蚯蚓的生理学及生物化学方面的对比研究表明,大多数发光蚯蚓的发光体系是类似的。

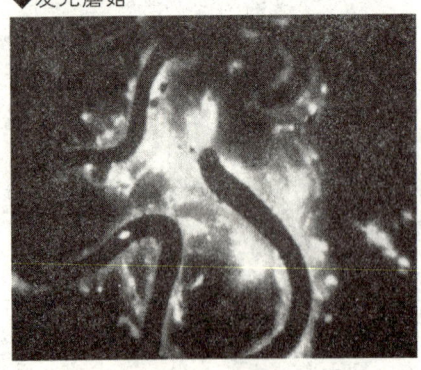

◆发光蚯蚓

SHENGWU
SHIJIE MANYOU

生命科学之趣——趣味生命科学巡礼

3. 腰鞭毛虫点亮蓝色潮汐

当岸边海水中如果聚集着大量的腰鞭毛虫的话，那么它们就会让海水呈现出红褐色，也就是所谓的红潮。而某些腰鞭毛虫物种却可以发出铁蓝色的光芒。当夜幕降临时，大量聚集的腰鞭毛虫在海岸边形成一道亮丽、壮观的蓝色潮汐。

◆蓝色潮汐

4. 栉水母

栉水母也是一种海洋发光生物，它们可以发出一种另类的防护光。这种防护光通常被称为"牺牲标签"。当栉水母被捕食者吞到腹中后，某些半透明捕食者身体也会发出光芒，这种光芒对捕食者来说非常危险，它们因此也成为更上层捕食者的猎物，所以栉水母的防护光也被称为"牺牲标签"。

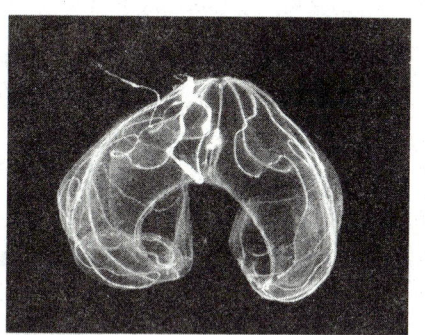
◆栉水母

5. 萤火虫

众所周知，萤火虫会发光，这也是人们判断萤火虫是否存活的标准之一。萤火虫这种独特的发光方式通常会用于异性之间的求偶信号。此外，萤火虫的萤光有时也用来恐吓捕食者。

◆萤火虫

生物世界漫游

6. 发光海虫

◆发光海虫

近年，一些科学家宣称他们在海中发现了5种此前未知的海虫物种。这些动物都可以发射出一种充满液体的、发光的"炮弹"，这种"炮弹"被发出后会爆炸并产生绿色光芒，光芒会持续数秒。科学家认为，这种"炮弹"可能用于转移捕食者的视线以方便逃跑。

7. 新西兰发光虫

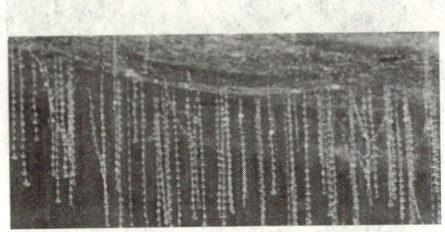
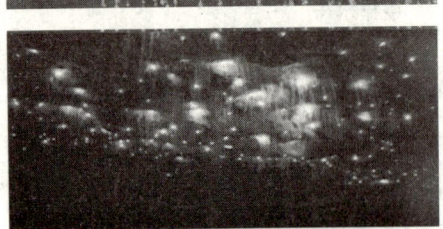
◆新西兰发光虫

一些食肉性发光虫，当它们尚处于幼虫期时必须要呆在洞穴中或受保护地区。此时，它们就是利用萤光来诱捕过路的昆虫。右上图就是一种饥饿的新西兰发光虫，它们从洞穴顶部垂下一根根"渔线"，"渔线"上挂满了分布均匀的黏性发光液滴，当有昆虫经过时就会被它们捕获。右下图显示的是在新西兰北岛的一个洞穴里，大量的发光虫聚集在一起，发出点点蓝色荧光，非常好看。

生命科学之趣——趣味生命科学巡礼

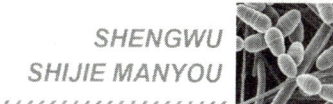
SHENGWU
SHIJIE MANYOU

8. 斧头鱼

◆斧头鱼

即使在伸手不见五指的深海中，微弱的光芒也能让一些鱼类的身影出现在捕食者的眼中。因此许多鱼类、甲壳类动物以及鱿鱼等进化出一种"反照明"发光能力。它们可以调整自己的发光亮度以适应周围的光线，这样就可以隐去自己的身影以躲避捕食者的攻击。图中的斧头鱼就是这种鱼类。

9. 琵琶鱼

在数百米深的漆黑海洋中，生活着一种琵琶鱼。这种鱼外观看起来怪异、恐怖，但它们最可怕的地方是利用自己的发光器作为诱食的工具，当猎物游到攻击距离时，它们才发起攻击。此外，它们也和萤火虫一样，利用光线来选择配偶。

◆琵琶鱼

10. 海蛾鱼

大部分能发光的海洋生物发出的光是蓝色的，一小部分发绿色光。因为在水下蓝绿色短波比红色的长波能传递更远的距离。也正是因为这个原因，海洋生物们已经适应并且记住了这些颜色，并且缺失了看到红、橙、

◆海蛾鱼

生物世界漫游

"科学就在你身边"系列   33

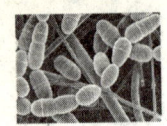

**QUWEI SHENGMING
KEXUE TUJIE**

趣味生命科学图解

黄这些颜色的视觉能力。但是图中这种海蛾鱼却是一种例外,它是一种濒危深海食肉动物。海蛾鱼可以从它们眼睛底部的一个特殊器官中发出一种红光,这一特性可以帮助它们拥有短距离"夜视"功能。海蛾鱼可以以此在黑暗中悄悄寻找食物。

想一想——为什么蜡笔小新的金鱼会死去?

蜡笔小新的妈妈美伢送给他几条金鱼,看着它们红白相间的色彩和翩翩游动的样子,蜡笔小新高兴极了,他每天都记着给小金鱼喂食,但是不久,小金鱼竟一条条地死去了,蜡笔小新十分难过。你能帮他找出原因吗?建议你也饲养几条金鱼,并给蜡笔小新提供一些有益的建议。

◆蜡笔小新一家人

生物世界漫游

动动手——怎么饲养金鱼?

◆饲养在鱼缸中的金鱼

◆五颜六色的金鱼

生命科学之趣——趣味生命科学巡礼

SHENGWU
SHIJIE MANYOU

如果有兴趣,可以到花鸟市场买几尾金鱼回来饲养一下。

提示:

金鱼饲养需正确掌握喂食时间和方法。

每天投喂次数只需1~2次,每次投喂量宜在1~2小时内吃完,对生命力强的品种鱼群可适当增加一点投食量。

拓展思考

1. 蓝色潮汐是海水的颜色还是与某种发光生物有关?
2. 在动物园或者海洋生物园中有无见过其他发光生物?
3. 萤火虫身体哪部分会发光?

生物世界漫游

"科学就在你身边"系列

QUWEI SHENGMING
KEXUE TUJIE

趣味生命科学图解

奇闻逸事话昆虫
——拟态

昆虫在其漫长的生存、繁衍、进化过程中，为了自身的生存而进行的捕食、自卫和斗争，其方式和技能千奇百怪五花八门，充满着神奇色彩。今天，我们为您准备的内容是昆虫世界的用计高手大荟萃。通过下面的介绍，我们可以一览无余地看到昆虫在面对着生死存亡的时候，是采用怎样的逃生手段或者进攻手段来保全自己的。

◆我是花吗？不，我是花螳螂

拟态：某些动物的形体或色泽与其他生物或非生物异常相似，这种状态叫拟态。如竹节虫的体形酷似竹枝；枯叶蛾很像枯叶的边缘；仿叶竹节虫停息在植物上时很像植物叶片。

仿竹

◆某山崖上的竹节虫

有一种生活在竹林里的昆虫，有着惟妙惟肖地模仿竹枝的体型和竹叶青翠体色的本领，使侵害它们的天敌难以发现。人们给这种昆虫起了个非常形象的名字——竹节虫。竹节虫为不完全变态的渐变态昆虫，若虫和成虫基本形态、食性和生活环境相似。竹节虫有一手保护自己的本领：只要树枝稍被振动，它便坠落在草丛中；收拢胸足，一动不动

生物世界漫游

地装死，然后伺机偷偷溜之大吉。

仿叶

奇怪的叶虫

叶子虫身体扁平，雌虫前翅发达呈叶片状，翅脉明显，很像植物叶片的叶脉，后翅退化；雄虫前翅退化，后翅发达。它们足宽扁，特别是前、中足腿节和胫节呈片状。体色多为绿色或褐色，与栖息生活环境中的植物叶片颜色相似，因而不易被天敌动物发现，得以逃避侵害。当它停息在树枝上时，哪个是虫，哪个是叶，如不细心观察，确实难以分辨。

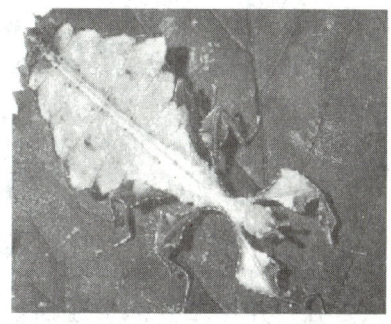
◆叶虫，是不是很像一片叶子

真假难辨的枯叶蝶

在四川峨眉山上，有一种枯叶蝶，停息在树枝上，像一片片枯树叶，行人常把它当作枯叶，当人们用手碰它时，它却一抖身体，向空中飞去了，并不像枯叶那样飘落到地上。枯叶蝶的祖先原是不尽相同的，有的像枯叶，有的不大像枯叶。像枯叶的个体不易被天敌发现，

◆枯叶蝶的形状象枯叶，是拟态也有保护色

不大像枯叶的个体常被天敌吃掉，这样经过漫长的自然选择和变异，枯叶蝶就更像枯叶了。

趣味生命科学图解

昆虫界的五项全能冠军
——蝼蛄

在昆虫中，像蝼蛄一样能把疾走、游泳、飞行、挖洞和鸣叫集于一身的昆虫，可以说是绝无仅有，虽说它样样不精，难以获得单项冠军，但还称得上是"五项全能"的好手，那么蝼蛄具有哪五项全能呢？

海陆空全能

提到蝼蛄，凡是在农村生活过的人，对它并不陌生。每逢插秧季节，当大田灌满水后，常把蝼蛄的家园冲毁，于是它们纷纷从地洞中出来逃命。有的在水面上游泳，有的在田埂上疾走。一到晚上，它们纷纷向灯光处飞行，真是会游、善跑、能飞的"海陆空"全能型健将。

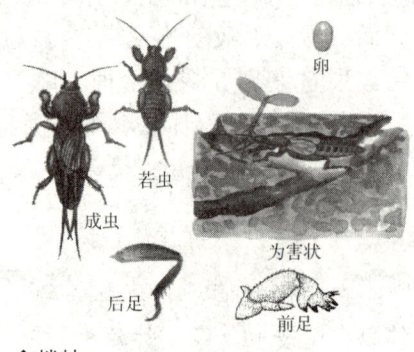

◆蝼蛄

高效的挖洞机

◆蝼蛄在挖洞

蝼蛄挖洞的特殊本领，出自它胸部生长着的那对又粗又大的前足，上面有一排大钉齿，很像是专门用来挖洞的钉耙。蝼蛄挖洞时，先用前足把土掘松，尖尖的头便靠着中足和后足的推力用劲往里钻，坚硬宽大的前胸，一起一伏地把挖松的土挤压向四周。就这样，挖呀，钻呀，压呀，一条条隧道便形成了，真可谓"功夫不负有心人"。蝼蛄在地下挖的隧道，浅的也有六七厘米，深的可达150厘米，而且一夜之间竟能挖掘出200~300厘米长。往往从地面的一端到达另一端，构成一条纵横交错的地下交通网，洞中套洞，洞洞相连，像是地道网。在通道中途，其貌不扬的蝼蛄还筑有产卵房、育婴室、储粮仓。有了这样的家，它们便可以在温暖湿润的地下舒舒服服地过上一个快乐而漫长的冬天。如果能仿照蝼蛄前足的构造及其运动功能，制造一台大功率的挖洞机，用来挖掘地下隧道，造福于人类，那该有多好啊！

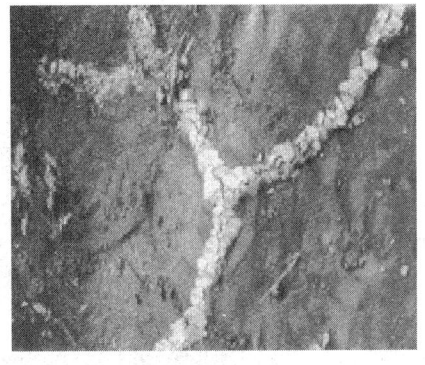

◆蝼蛄挖的洞穴

并不高明的歌唱家

你知道吗，蝼蛄还会鸣叫呢！不过，纵然它学着蟋蟀和螽斯那样"摩翅而歌"，在地下传出沉闷的"咕咕"之声，然而结果却难登大雅之堂。听到这不雅之声，有人误以为是蚯蚓在叫呢，其实蚯蚓是根本没有发声功能的。蝼蛄所以鸣叫，纯粹是雄虫的求爱信号，引诱雌虫前来相会。

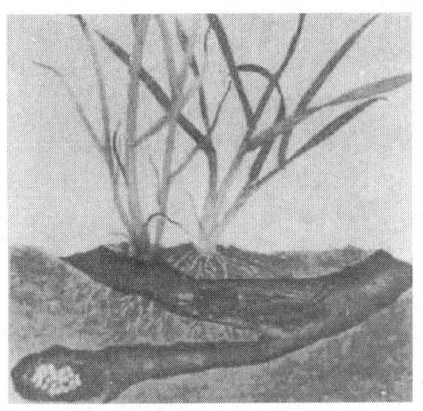

◆麦苗被害状、蝼蛄洞穴及土室中的卵

药用功能

最后要说的是，蝼蛄具利水、消肿、解毒的功效。内服可治水肿、小便不利、石淋、跌打损伤等症，外用可治疗脓疮肿毒。烘干后的蝼蛄身体

# 趣味生命科学图解

紧缩，头向腹部弯曲，六足紧抱，形状像条卧着的狗，故取名"土狗"。

◆蝼蛄及其制成的药材

1. 蝼蛄真的是会游、善跑、能飞的"海陆空"全能型健将吗？
2. 蝼蛄真的会唱歌吗？
3. 中药名土狗的昆虫是什么？

生命科学之趣——趣味生命科学巡礼

SHENGWU SHIJIE MANYOU

看似"温柔"实为"杀手"
——恐怖的四大植物杀手

众所周知,自然界中有不少动物是吃肉的。可是,令人难解的是自然界中还有吃肉的植物,这种食肉植物甚至还会吃人。

可吞噬老鼠的植物
——猪笼草

猪笼草是一种矮小的植物,叶的上部特化成外型奇特的瓶状捕虫器,下部呈叶片状,中部变成卷须。瓶状体的内壁上密生腺体,能分泌消化液,并以特别的气味引诱昆虫进入内部。

猪笼草捕虫,主要靠它那奇特的叶子,这种叶子的中脉会伸出去形成卷须,卷须也可以攀附在别的东西上。每根卷须的顶部又会生出一个比拇指稍大的小"瓶",好像挂着的奶瓶。瓶口有一个盖,能随意开合,瓶口边缘是向内卷的,瓶内则装有能致小虫于死地的粘性消化液。猪笼草不仅颜色艳丽,对小虫有吸引力,更重要的是能分泌出一种有鲜果香味的蜜汁,小虫子嗅到那阵阵香气,就像吸了迷魂香那样,赶紧奔向猪笼草。到了"瓶口",很容易一头栽

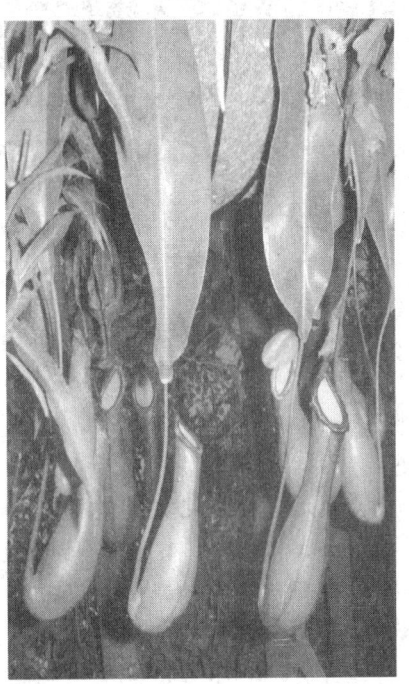

◆猪笼草

进瓶中,有时刚踏足叶上,由于叶上的纤毛指向"瓶子",也极易像乘坐滑梯般滑向"瓶井"之中,而一旦进入"井"中,它就再也无法逃生了。

趣味生命科学图解

最终小虫身上的营养物全被"瓶壁"所吸收。

轶闻趣事——2009年发现的可吞噬老鼠的巨型猪笼草

◆巨型猪笼草可吞噬老鼠

本来猪笼草就是一种奇怪的食肉植物，能吃老鼠的猪笼草更是其中最怪异的代表。吃老鼠的猪笼草发现于2009年8月，它被认为是世界上最大型的食肉植物，它们的笼子甚至可以吞噬一只老鼠。科学家在菲律宾维多利亚山海拔1524米的地区发现了一种更为特殊的猪笼草，其瓶状叶长约30厘米，宽16厘米，是其他地区的普通猪笼草体积的2倍。这种肉食植物能分泌一种类似花蜜的物质，引诱没有疑心的猎物主动进入一个酶和酸的"死亡之池"。

最像动物的植物——捕蝇草

与猪笼草类似的，还有一种食肉的植物，就是生长在北美洲的捕蝇草。中央电视台《人与自然》栏目曾有报道。捕蝇草最具有观赏价值的是每片叶的构造，叶端长着像一个蚌壳似的捕虫器，可以随意开合，其边缘上还生长许多像眼睫毛一样的细短毛，平常两半是向外张开的，一旦有苍蝇等昆虫触动了里面的刚毛（也可用小细棍子触动），那叶瓣就在很短的时间像鼠

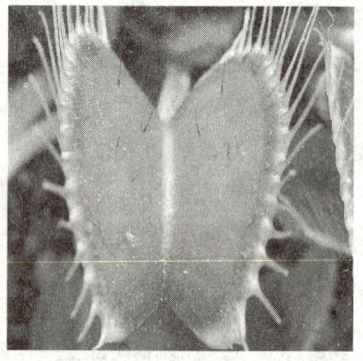

◆捕蝇草酷似"贝壳"的捕虫夹

生命科学之趣——趣味生命科学巡礼

夹子一样相互交错，将猎物关在"蚌壳"里。在无猎物时叶瓣数分钟后便慢慢张开，十分有趣。

维纳斯捕蝇草是一种最像动物的植物，这种捕蝇草反应奇快，能在半秒之内完成夹闭过程。给人的感觉是，它们似乎适合在动物王国生存。昆虫需要连续触碰捕蝇草的两根"毛发"才能让它作出反应，但它关闭和捕获猎物的具体机制，科学家尚无法作出确切解释。

◆捕蝇草

科学家现在认为，当被外物触碰时，捕蝇草叶子的电位能发生变化，最终触发一系列细胞层面的反应。

 轶闻趣事——捕蝇草捕食过程

1. 捕蝇草的夹子内侧有几对细毛，这便是捕蝇草的"感觉毛"，专门用来侦测昆虫是否走到适合捕捉的位置。

 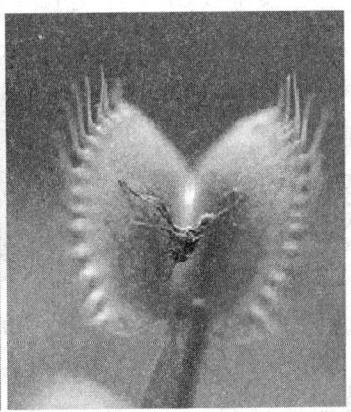

2. 捕蝇草抓到一只蚂蚱和苍蝇，再怎么反抗都没有用。

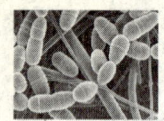
QUWEI SHENGMING
KEXUE TUJIE

趣味生命科学图解

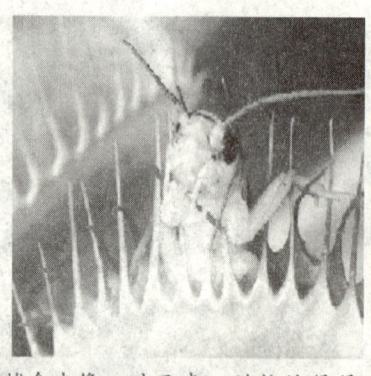
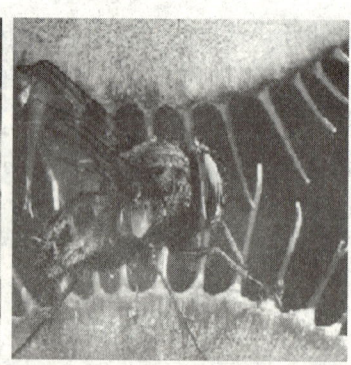

3. 捕食夹像一对贝壳，猎物被紧紧地夹在其中，从近距离"透视照"中来看，苍蝇的轮廓变得清晰了。

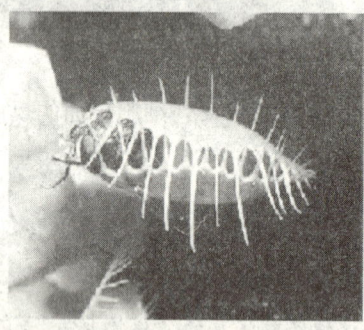
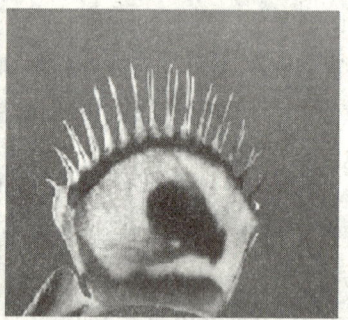

生物世界漫游

文如其名的植物——捕虫堇

◆机会主义者——捕虫堇粘住蚊子

捕虫堇是一种典型的机会主义者，它们会紧紧抓住所有降落到它们叶子表面的昆虫，并立即开始消化猎物。捕虫堇的上表面覆盖着一层黏性消化酶，这种消化酶不仅仅可以粘住并消化蚊子、昆虫等猎物，而且还可以吸收这些昆虫身上所携带的花粉中的营养。

在捕虫堇的叶片正面，密布

"科学就在你身边"系列

生命科学之趣——趣味生命科学巡礼

着两种腺体，一种是带短柄的腺体，它能分泌黏液粘捕昆虫，另一种是无柄的腺体，它专门分泌消化液，将捕获的昆虫消化吸收。当有蚂蚁、蚊子等小昆虫来到叶片上时，会被粘在上面，在短短几分钟时间，无柄的腺体就开始分泌消化液。消化液除了帮助分解猎物以外，还具有杀菌的作用，防止在消化的过程中猎物发生腐败。如果粘住的昆虫较大，会刺激大量的消化液分泌，将猎物泡在消化液中。有些品种叶片的边缘也会稍稍向内卷起来，以便更好的与猎物接触，防止逃脱并促进消化吸收，但叶片的运动速度相当缓慢，往往需要几小时。

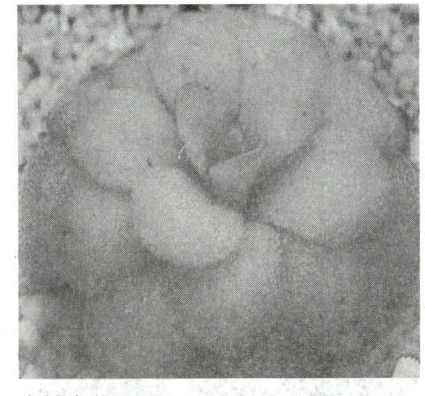
◆捕虫堇

食虫植物——茅膏菜

在自然中，一些具有噬食性的植物并不比动物逊色，茅膏菜就是其中一个典型。虽然植物能从土壤中提取至关重要的氮，但是像茅膏菜这样的肉食性植物更擅长诱捕和吞噬小昆虫。

生物学特征

茅膏菜，多年生柔弱小草本，高6～25厘米。根球形。茎直立，纤细，单一或上部分枝。根生叶较小，圆形，花时枯凋；茎生叶互生，有细柄，长约1厘米；叶片弯月形，横径约5毫米，基部呈凹状，边缘及叶面有多数细毛，分泌黏液，有时呈露珠状，能捕小虫。短总状花序，着生枝梢；花细小；萼片5，基部连合，卵形，有不整齐的缘齿，边缘有腺毛；花瓣5，白色，狭长倒卵形，较萼片长，具

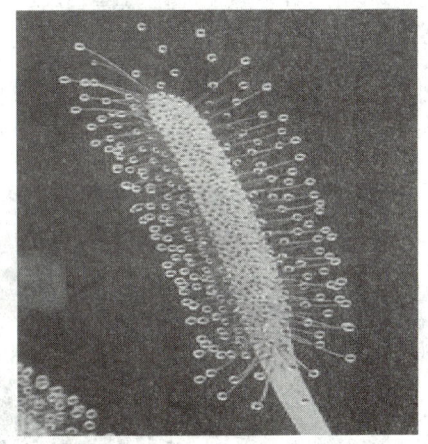
◆茅膏菜花

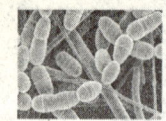

QUWEI SHENGMING
KEXUE TUJIE

趣味生命科学图解

生物世界漫游

◆茅膏菜的花是不是很像孔雀开屏

◆瓢虫身陷茅膏菜

有色纵纹；雄蕊5，花丝细长；雌蕊单一，子房上位，1室，花柱3，指状4裂。蒴果室背开裂。种子细小，椭圆形，有纵条。花期5～6月。

捕食的过程

茅膏菜的命名源于像毛发般分泌腺的粘性分泌物，苍蝇和其他小型昆虫会被这种芬香气味所吸引，当它们被吸引到该植物的分泌腺上时，就会发现这是致命性的陷阱。昆虫越拼命地挣扎，就越深地陷入分泌物的包裹之中，最终这些分泌物会密封植物的通气孔，使它们窒息而死。之后茅膏菜会慢慢地卷动叶子边缘，将猎物更紧地包裹起来，释放出一种包含强有力的生化酶的混合消化液，逐渐地将猎物腐烂分解。经过几天之后，昆虫猎物将变成富含营养的液态物质，便于茅膏菜进行吸收。

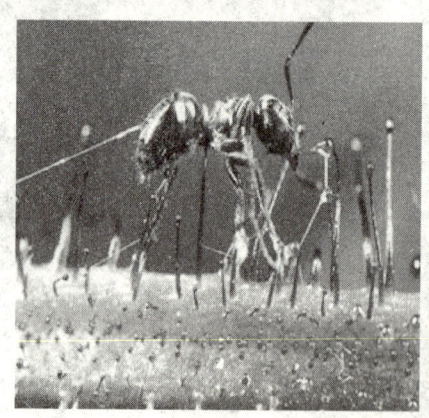

◆蚂蚁身陷茅膏菜

◆茅膏菜捕食蚊子

生命科学之趣——趣味生命科学巡礼

植物王国的运动健将
——四大植物运动高手

会低头害羞的植物——含羞草

含羞草,又名感应草、喝呼草、知羞草、怕羞草、害羞草、夫妻草等。俗话说:"人非草木,孰能无情"。其实不然,科学研究证明植物也是多情种。

◆含羞草的花、花苞及叶

杨贵妃与含羞草的故事

我们知道"沉鱼落雁""闭月羞花"是指中国古代四大美女。沉鱼指西施,落雁指王昭君,闭月指貂蝉,羞花指杨玉环。那么,为什么杨玉环叫做羞花呢?传说杨玉环初入宫时,因见不到君王而终日愁眉不展。有一次,她和宫女们一起到宫苑赏花,无意中碰着了含羞草,草的叶子立即卷了起来。宫女们都说这是杨玉环的美貌,使得花草自惭形秽,羞得抬不起头来。唐明皇听说宫中有个"羞花的美人",立即召见,封为贵妃。从此以后,"羞花"也就成了杨贵妃的雅称了。

◆中国古代四大美女图

趣味生命科学图解

现代科学解析含羞草为什么会害羞？

◆含羞草花盒叶子

◆受到碰触时，展开的叶片会合拢

含羞草不仅羞见暮色，就是用手轻轻抚摸一下它的叶片，就会"不好意思"地自动合拢。这种"含羞"姿态是体内的"信息传递"，和动物的神经传递十分相似，只不过速度很慢，每秒仅上下传递1厘米。含羞草似乎有着特殊的"运动细胞"，只要触动一下它的叶子，它就会立即把"头"低下来，先是小叶闭合，接着叶柄萎软下垂，就像一个娇羞的少女，所以人们给它取名为含羞草。

大多数植物学家认为，含羞草会动这是靠它的叶子的膨压作用。在含羞草叶柄的基部，有一个鼓鼓的薄壁细胞组织，名叫叶枕，里面充满了水分。当你用手触动含羞草，它的叶子一震动，叶枕下部细胞里的水分就立即向上或两侧流去。于是叶枕下部就像泄了气的皮球一样瘪了下去，上部就像打足了气的皮球一样鼓了起来，叶柄也就下垂、合拢了。在含羞草的叶子受到刺激合拢的同时，会产生一种生物电，把刺激信息很快扩散给其他叶子，其他叶子也就跟着合拢起来。当这种刺激消失以后，叶枕下部又逐渐充满水分，叶子就会重新张开，恢复原来的样子。

追逐阳光做运动
——向日葵向阳的奥秘

作为一种最普通最常见也最流行的小吃品，葵花籽（也叫香瓜籽）早

生命科学之趣——趣味生命科学巡礼

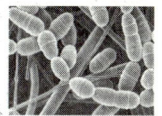

已风靡全球，每时每刻全世界许多地方都有很多人在不停地嗑葵花籽。

生物学特征

向日葵，菊科一年生草本植物，又名葵花、转日莲，原本是哥伦布发现新大陆时的一项新发现，因为在此之前，世界上没有任何关于向日葵的文字记载。16世纪初，西班牙人在秘鲁和墨西哥的山地上看到满山遍野的向日葵，肥大的绿叶烘托着一个金灿灿的硕大花盘，他们认为是"上帝创造的神花"，将它带回欧洲作为观赏植物种植。太阳花在拉丁文中的意思就是"太阳的花朵"，因花盘随着太阳运转而得名。

◆向日葵的葵花籽

向阳生长的奥秘

向日葵是向阳生长植物中最有代表性的，它受到体内生长激素的控制，所以追踪太阳。这种生长激素是一种名叫"吲哚乙酸"的植物生长素。这是由美国植物生理学家弗里茨·温特在1926年发现的，他让植物的芽鞘一

◆向日葵

面得到阳光的照射，一面得不到阳光的照射，结果芽鞘逐渐弯向了有阳光的一面。后来荷兰科学家郭葛便从芽鞘里分离出了植物生长素——吲哚乙酸。经科学家研究发现，这种化合物是怕见阳光的，当阳光照射的时候，它便跑到没有阳光的一面，结果促进了遮阴部分生长加快，受光部分则生长缓慢。由于重力的作用，植物便朝向了有阳光的一面。

QUWEI SHENGMING
KEXUE TUJIE

趣味生命科学图解

知识库——关于向日葵的美妙传说

◆向日葵

当你高兴地把一粒又香又脆的香瓜籽送进口中，轻轻地一嗑，再"噗"地一声吐出瓜籽壳时，是否会想到，原来向日葵曾有一段凄惨哀婉的故事：

古代有一位农夫的女儿名叫明姑，她憨厚老实，长得俊俏，却被后娘"女霸王"视为眼中钉，受到百般凌辱虐待。一次，她因一件小事顶撞了后娘一句，惹怒了后娘，后娘使用皮鞭抽打她，可一下失手打到了前来劝解的亲生女儿身上，后娘又气又恨，夜里趁明姑熟睡之际挖掉了她的眼睛。明姑疼痛难忍，破门出逃，不久死去。死后在她坟上开着一盘鲜丽的黄花，终日面向阳光，它就是向日葵，表示明姑向往光明。

万花筒

俄罗斯和秘鲁人的国花——向日葵

直到今天，这个故事都还一直激励着人们反抗黑暗，痛恨残暴，向往光明，追求光明。也正因为这一点，热爱光明的俄罗斯人民和秘鲁人普遍喜欢向日葵，并将它定为国花。

植物界的舞林高手——跳舞草

跳舞草，又称风流草，是豆科多年生小灌木，高可达1.5米，具三出复叶，顶生小叶大，长约8厘米，侧小叶长仅2厘米左右，花紫红色，荚果有5～9个荚节。跳舞草产于我国华南、西南的广大地区，印度、缅甸、越南、菲律宾等国也有分布。

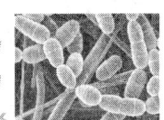

生命科学之趣——趣味生命科学巡礼

跳舞草这种植物最奇异的特点就是叶片会随温度变化或音乐伴奏而上下舞动，因此得名"跳舞草"。当跳舞草受到阳光直射时或是处于较温暖的环境下，它们就会快速地舞动自己的叶子。当音乐响起时，跳舞草也会做出一些反应。在跳舞草每一片叶子的根部，都有一个相当于铰链装置的结构，叶子可以围绕它沿着椭圆形路径旋转。

◆植物界的舞林高手——跳舞草

跳舞草侧小叶的转动既不像含羞草那样由外界刺激引起，也不似向日葵那样有明显的趋光性，我行我素、别具一格。这种运动现象在植物界确属罕见。那么，跳舞草因何而舞呢？目前仍是个谜，还有待于进一步的研究和探索。

◆闻歌起舞的风流草

奇妙的植物曲线
——缠绕植物攀爬的奥秘

◆牵牛花右旋生长图

世间万物，各有其性，对植物来说，枝蔓茎干绝大多数都是直立生长，而有一些植物却是盘旋生长的，如攀援植物五味子的藤蔓，就是左旋按顺时针方向缠绕生长的。与此恰恰相反，盘旋在支架上的牵牛花的藤在旋转时，却一律按逆时针方向盘旋而上，如果人为地将其缠成左旋，它生出新藤后仍不改右旋特性。

令人惊异的是，还有极少数植物藤蔓的螺旋是左右兼有的。如葡萄就是靠卷须

生物世界漫游

"科学就在你身边"系列

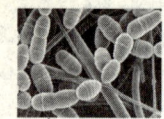

趣味生命科学图解

缠住树枝攀援而上，其方向忽左忽右，既没有规律也没有定式。英国著名科学家科克曾把植物的螺旋线称为"生命的曲线"。

想一想——植物的枝蔓茎干为什么会出现左右旋转生长的现象呢？

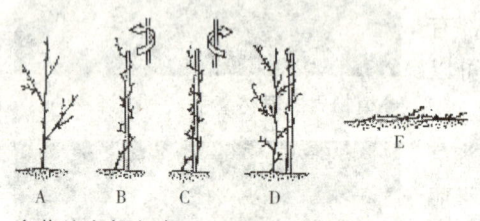

◆茎的生长方式

A 直立茎；B 左旋缠绕茎；C 右旋缠绕茎；D 攀缘茎；E 葡萄茎

一般认为，这是由于南北半球的地球引力和磁力线的共同作用。最新的研究表明，植物体有一种生长素能控制其器官（如茎、藤、叶等）的生长，从而产生螺旋式的生长（攀援），这是由遗传决定的。

那么遗传又从何而来？近年来，科学家通过研究认为，遗传的发生也与地球的两个半球有关。远在亿万年以前，有两种攀援植物的始祖，一在北半球，一在南半球。植物为了得到充足的阳光和良好的通风，紧紧跟踪东升西落的太阳，漫长的进化过程使它们形成了相反的旋向，而那些起源于赤道附近的攀援植物，由于太阳当头而没有固定的旋向，便成为左旋和右旋兼而有之的植物。

◆既可左旋又可右旋的缠绕茎

生命科学之趣——趣味生命科学巡礼

赏心悦目惹人爱
——中国十大名花

我国地域辽阔,气候多样,盛产各种花卉、树木,素有"植物王国"和"园林之母"的称号。对众多的花卉,人们爱好各异。我国曾举办过十大名花的评选活动,梅花、牡丹、菊花、兰花、月季、杜鹃、茶花、荷花、桂花、水仙这十种花当之无愧获得"桂冠"。她们中的每一张面孔都让我们感觉亲切而熟悉,或许就栽种在我们的阳台上,或许生长在我们的庭院里,或许盛开在我们常去散步的花园里……

十大名花之首
——凌霜傲雪的梅花

梅花是我们中华民族与中国的精神象征,被誉为"花中之魁","花中仙子"。几千年来,它那凌霜傲雪,迎寒飘香,铁骨冰心的崇高品质和坚贞气节鼓舞了一代又一代"龙的传人"!古有诗这样写意"花中君子"——梅花:

墙角数枝梅,凌寒独自开。
遥知不是雪,为有暗香来。

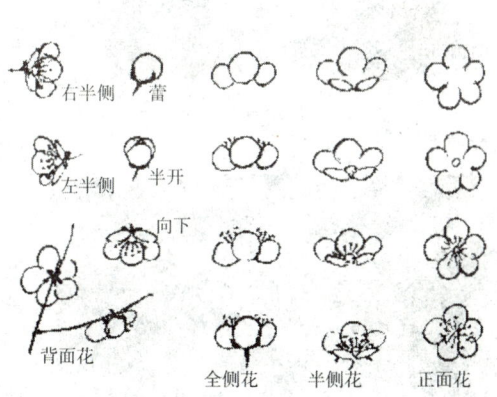

◆梅花不同角度结构图

生物世界漫游

QUWEI SHENGMING
KEXUE TUJIE

趣味生命科学图解

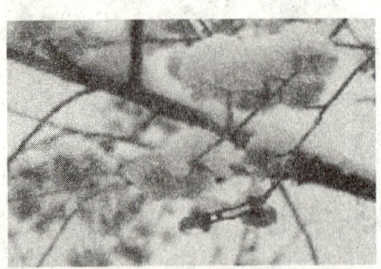

◆凌霜傲雪——宫粉梅

◆花中之魁——白梅

十大名花第二位——总领群芳的牡丹

生物世界漫游

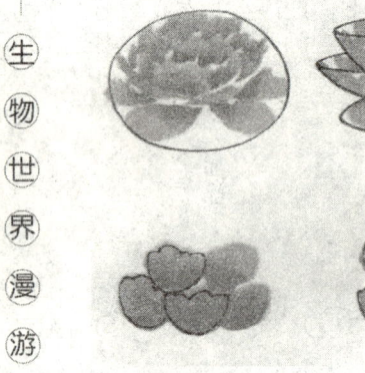

◆牡丹花花瓣的排列

◆总领群芳——花王魏紫牡丹

牡丹观赏部位主要是花朵，其花雍容华贵、富丽堂皇，素有"国色天香"、"花中之王"的美称。唐时盛栽于长安，宋时称洛阳牡丹为天下第一。牡丹朵大色艳，奇丽无比，姿丰典雅，花香袭人。古代有诗这样写意"花中之王"——牡丹：

庭前芍药妖无格，
池上芙蕖争少情。

唯有牡丹真国色，
花开时节动京城。

花王魏紫牡丹（原名：洛阳魏紫），牡丹四大名品之一。

皇冠型。花蕾扁圆形；花紫色（72—D），瓣端呈粉白色，稍有光泽；花径18厘米×12厘米。外瓣3轮；内瓣直立褶叠，瓣质厚而较硬；雌蕊退化变少。花梗粗而硬，花朵直立。中花品种。株型中高，半开

生命科学之趣——趣味生命科学巡礼

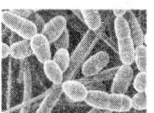

展。枝较粗壮，一年生枝较短，节间较短。中型圆叶，总叶柄长约10厘米，斜伸；小叶卵圆形，缺刻多，端钝，边缘带浅紫红色晕，叶脉下凹，叶面粗糙，深绿色。生长势强，成花率高，分枝多，萌蘖枝多。

十大名花第三位
——独立冰霜的菊花

菊花又名秋菊，原产我国。清雅高洁，花形优美，色彩绚丽，自古以来，菊花被视为高风亮节、清雅洁身的象征，也是我国栽培历史最悠久的传统名花。古有诗这样写意"高风亮节"——菊花：

飒飒西风满院栽，
蕊寒香冷蝶难来。
他年我若为青帝，
报与桃花一处开。

◆极品菊花"金背大红"

十大名花第四位
——风韵高雅的兰花

古人对兰花情有独钟，素有"花中君子"、"王者之香"、"天下第一香"的美誉。古有诗这样写意"天下第一香"——兰花：

身在千山顶上头，
突岩深缝妙香稠。
非无脚下浮云闹，
来不相知去不留。

◆宛如蝴蝶——蝴蝶兰

"科学就在你身边"系列

QUWEI SHENGMING
KEXUE TUJIE

趣味生命科学图解

十大名花第五位
——热情如火的月季

◆热情如火——红月季

月季又称"月月红"。月季顾名思义,它是月月有花、四季盛开,热情如火,姿容优美。素有"花中皇后"的美称。古有诗这样写意"花中皇后"——月季:

牡丹殊绝委春风,
露菊萧疏怨晚丛。
何似此花荣艳足,
四时常放浅深红。

十大名花第六位
——秀色可餐的杜鹃

◆花中西施——云银杜鹃

杜鹃花盛开之时,恰值杜鹃鸟啼之时,故名杜鹃花,俗称"映山红"。杜鹃花开放时,满山鲜艳,像彩霞绕林,被人们誉为"花中西施"。古诗中这样写意"花中西施"——杜鹃:

闲折两枝持在手,
细看不是人间有。
花中此物是西施,
芙蓉芍药皆嫫母。

生命科学之趣——趣味生命科学巡礼

十大名花第七位
——富丽堂皇的山茶花

茶花是"花中娇客",竞相怒放,为"花中珍品"。茶花具有"唯有山茶殊耐久,独能深月占春风"的傲梅风骨,又有"花繁艳红,深夺晓霞"的凌牡丹之鲜艳,古代有诗这样写意"花中珍品"——山茶花:

似有浓妆出绛纱,
行充一道映朝霞。
飘香送艳春多少,
犹见真红耐久花。

◆红白相间——血色山茶花

十大名花第八位
——清丽脱俗的荷花

荷花素有"水中芙蓉"、"凌波仙子"的雅称,有迎骄阳而不惧,出淤泥而不染的气质。古有诗这样写意"出淤泥而不染"——荷花:

毕竟西湖六月中,
风光不与四时同。
接天莲叶无穷碧,
映日荷花别样红。

◆亭亭玉立——荷花

趣味生命科学图解

十大名花第九位
——十里飘香的桂花

◆十里飘香——桂花

八月桂花遍地开，桂花开放幸福来。每年中秋月明，在空气中浸润着甜甜的桂花香味，冷露、月色、花香，最能激发情思，给人以无穷的遐想。古有诗这样写意"金风送爽，十里飘香"——桂花：

梦骑白凤上青空，
径度银河入月宫。
身在广寒香世界，
觉来帘外木樨风。

十大名花第十位
——亭亭玉立的水仙花

◆水中仙子——喇叭水仙

水仙茎叶清秀，花香宜人可用于装点书房、客厅，格外生机盎然。水仙花凌波玉立，馥郁芳香，素有"凌波仙子"的雅称。古有诗这样写意"水中仙子"——水仙花：

娉婷玉立碧水间，
倩影相顾堪自怜。
只因无意缘尘土，
春衫单薄不胜寒。

生命科学之趣——趣味生命科学巡礼

SHENGWU
SHIJIE MANYOU

植物也有七情六欲
——植物的"爱"与"恨"

使人吃惊的是,科学家发现并不是只有人类才懂得爱和恨,植物亦有"爱"和"恨"。

植物王国的相亲行为

如果你仔细观察,就会发现有些植物种在一块,它们不但能"和平共处",而且能比单独生长时要好。也就是说,它们分别都从其他植物身上得到好处。譬如洋葱和胡萝卜是好朋友,它们发出的气味可驱逐对方身上的害虫。有趣的是,英国科学家用根茎叶都散发化学物质的连线草与萝卜混种,半个月内就长出了大萝卜。此外大蒜的分泌

◆自然界中有些植物可以同种,有些植物不能同种

物对大白菜、包心菜的细菌软腐病有防治作用,因此许多植物与大蒜种在一块都能生长得更好。

植物王国的相克行为

有些植物似乎有"血海深仇",彼此"水火不相容",把它们种在一块,要比单独种植时生长得更不好。譬如卷心菜和芥菜是一对仇敌,相处后两败俱伤;白花草木樨与小麦、玉米、向日葵共同生活,会把小麦等作物"打得一败涂地";甘蓝和芹菜、黄瓜和番茄、荞麦和玉米、高粱和芝

生物世界漫游

趣味生命科学图解

◆薇甘菊与菟丝子相克达成平衡

麻等都是"冤家对头"（上图是植物杀手薇甘菊与克星菟丝子相克达成平衡，当地植被肯定会受影响，但不致于被毁灭）。

能"知道痒"的树
——怕痒的紫薇

人怕痒，这是很正常的现象，奇怪的是，有的树竟然也有这种毛病：怕痒。有一种怕痒树名叫紫薇。有风的时刻，紫薇树的叶片和花朵在轻轻地抖动，好像人被挠得发笑的样子。因此紫薇还有个奇特的名字，叫"怕痒树"。

紫薇名字的故事

◆紫薇

紫薇又名"百日红"，是因为它在7～10月花开不断，自夏开到秋，烂漫不绝，花期长达百日。对此有诗为证，宋代诗人杨万里曾写："似痴如醉丽还佳，露压风欺分外斜。谁道花无红百日，紫薇长放半年花。"明朝薛蕙也曾记述："紫薇花最久，烂熳十旬期，夏日逾秋序，新花续

◆紫薇花

◆紫薇——茎

生命科学之趣——趣味生命科学巡礼

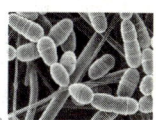

SHENGWU
SHIJIE MANYOU

放枝。"

紫薇还叫"无皮树"、"猴刺脱",因为它的树皮会陆续脱落,最后只剩下莹滑光洁的树干,简直连猴子都很难爬上去。

又因为紫薇花开繁盛,绚丽如霞,所以也称"满堂红"。

紫薇为什么怕痒?

观点1:从生理学的角度来看,这是一种感振性,可能是木质部或韧皮部的震动传播所致,具体为何?还需进一步进行科学研究。

观点2:有专家说,实际上紫薇并不知道痒,所谓怕痒,是因为紫薇冠幅大主干细、上部的枝条长而柔软,所以轻碰主干,上部枝条就会抖动,出现花叶随之震颤的景象。

◆紫薇——叶和果实

观点3:有人认为,这是由于植物本身生物电的作用;也有人认为,是紫薇树身光滑,枝条很柔软,所稍一接触就会全身摇晃。

观点4:有些植物学家认为,"怕痒"一说只是老百姓的笑谈。所谓怕痒,是因为紫薇的枝条太过柔软,轻轻碰一下就会抖动,花叶随之震颤。

生物世界漫游

拓展思考

1. 植物之间真的有感情吗?
2. 哪些植物可以种植在一起?哪些植物不能种植在一起?
3. 紫薇树为什么会怕痒?

QUWEI SHENGMING
KEXUE TUJIE

趣味生命科学图解

谈毒色变
——日常生活中四大有毒植物

　　植物与人们的生活息息相关，是自然界不可缺少的一部分，提供给人类各种用途。但是，植物为了防御人类或动物的伤害，形成了各种各样的自我保护屏障，其中释放毒素是最有效的防御武器。植物本身有很多的化学成分，当人类或动物伤害它的时候，就会释放有毒的物质免受伤害。

　　自然界中绝大多数植物乳汁是有毒的，人们也不必"谈毒色变"，只要不将汁液涂抹到皮肤上、溅入眼睛里或误食，一般不会对人体构成危害或危险，可放心栽培。

雨林中最毒的树
——见血封喉

◆使人望而生畏的见血封喉

　　见血封喉树又称箭毒木，为木本植物，属于桑科见血封喉属植物，是世界上最毒的植物之一。

　　走进热带雨林，必须十分谨慎，在这里可能遇到最毒的木本植物——见血封喉。在历史上有少数民族曾将这种植物的汁液涂在箭头，射猎野兽。见血封喉的汁液白色，奇毒无比，见血就要命。

生命科学之趣——趣味生命科学巡礼

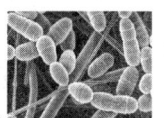

SHENGWU SHIJIE MANYOU

轶闻趣事——"见血封喉"传奇故事

当地人所说的"七上八下九不活"就和这种植物有关。据说凡被涂有这种植物汁液的箭射中的猎物，上坡的跑七步，下坡的跑八步，平路的跑九步就必死无疑。见血封喉也是我国热带雨林中占优势的高大乔木树种，说起来真是令人心生恐惧，谈虎色变。

【毒树究竟是怎样让人中毒的呢？】

这种乳白色的汁液中含有弩箭子甙、见血封喉甙等多种有毒物质。当这些毒汁由伤口进入人体时，伴有一种碱性汁液，会引起肌肉松弛、血液凝固、心脏跳动减缓，最后导致心跳停止而死亡。人们如果不小心吃了它，心脏也会麻痹，以至于停止跳动。如果乳汁溅至眼睛里，眼睛马上也会失明。所以猎人用这种很毒的乳汁制作毒箭作为狩猎的武器，被射中的大型动物，无论伤势轻重，也只会跳几下就倒地死去。

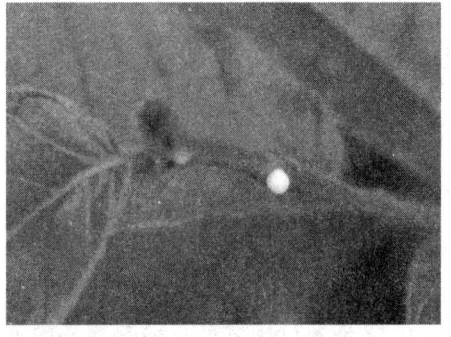

◆见血封喉乳白色的汁液是有毒的，遇到血液会出现反应，可致命

◆见血封喉的果实

生物世界漫游

夹竹桃

生物学特征

夹竹桃是一种极为普通的常绿灌木，同时也是世界上毒性最强的植物之一。黄花夹竹桃茎叶中含有白色乳汁，而夹竹桃茎叶中含有透明的水液。它们的汁液中都含有强心苷的有毒物质，具有剧烈的心脏毒性，可使

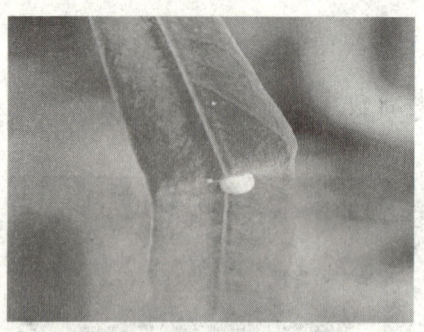
◆黄花夹竹桃汁液

◆黄花夹竹桃

咬食它们的动物丧命。

【被公认的"环保卫士"】

既然夹竹桃有毒,那园林部门为何还要栽种?对此,市园林局工程科一位姓黄的科长解释道:"夹竹桃确实有毒,但其毒性隐藏在叶、花及树皮处,只要市民不去误食,不吃到肚子里就不会有问题。"

夹竹桃有抗烟雾、抗灰尘、抗毒物和净化空气的作用,特别对二氧化硫、氟化氢、氯气等有毒气体有较强的抵抗、吸附作用。夹竹桃即使全身落满了灰尘,仍能旺盛生长,所以夹竹桃在园林界被称为"环保卫士"。

仙人掌

生物学特征

◆仙人掌

仙人掌是石竹目沙漠植物的一个科。由于对沙漠缺水气候的适应,仙人掌的叶子演化成短短的小刺,以减少水分蒸发,亦能作阻止动物吞食的武器;茎演化为肥厚含水的形状;同时它长出覆盖范围非常之大的根,用作下大雨时吸收最多的雨水。目前仙人掌科的植物将近有2000种。

有毒部位

刺,刺内含有毒汁。

中毒症状

仙人掌刺内含有毒汁,人体被刺后会引起皮肤红肿疼痛、瘙痒等过敏性症状,导致全身难受,心神不定。

◆仙人掌沙发,你敢坐吗?

曼陀罗

生物学特征

曼陀罗花是茄科野生直立木质一年生草本植物,茎粗壮直立,在温带地区一般高50～100厘米,热带长成高达2米的亚灌木。

有毒部位

全草有毒,以果实特别是种子毒性最大,嫩叶次之。干叶的毒性比鲜叶小。

◆白花曼陀罗

有毒成分

主要含东莨菪碱、莨菪碱,其次有阿托品、阿朴阿托品、降阿托品、曼陀罗素、惕各酰莨菪碱、曼陀罗碱等成分。

中毒症状

1. 一般食后0.5～2小时出现症状,早期症状为口、咽发干、吞咽困难、声嘶、脉快、瞳孔散大、皮肤干燥潮红、发热等。

2. 食后 2～6 小时可出现谵忘、幻觉、躁动、抽搐、意识障碍等精神症状。

3. 严重者常于 12～24 小时出现昏睡、呼吸浅慢、血压下降以至发生休克、昏迷和呼吸麻痹等危重征候。

中毒后急救处理

1. 以 1：5000 高锰酸钾或 1% 鞣酸洗胃，然后以硫酸镁导泻或灌肠。

◆白花曼陀罗

2. 用 3% 硝酸毛果芸香碱溶液每次 2～4 毫升皮下注射，以拮抗莨菪碱作用，15 分钟一次，直至瞳孔缩小、对光反射出现，口腔粘膜湿润为止。也可用水杨酸毒扁豆碱 1 毫克皮下注射，每 15 分钟一次，可用数次。

3. 对症及支持疗法：有呼吸抑制时应给氧气吸入，并作人工呼吸；高热时用冰袋降温，乙醇（酒精）擦浴，解热剂等；瞳孔散大可用 0.1%～1% 水杨酸毒扁豆碱滴眼；重症者可给氢化可的松静脉滴注。

◆白花曼陀罗

拓展思考

1. "上坡的跑七步，下坡的跑八步，平路的跑九步就必死无疑"的传说与哪种植物有关？

2. 见血封喉究竟是怎样让人中毒的呢？

3. 夹竹桃有毒为何还要种？

生命科学之趣——趣味生命科学巡礼

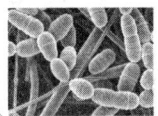

路边的野花和野果可以采
——十大常见可食用植物

记得小时候，每到周末、寒暑假，约上几个小伙伴，可以在山上从清晨玩到日落，四处搜寻美味的野花和野果子。

现在，生活在城市里的人们常受到噪声和各种有害气体的侵扰，故喜欢选择一些广泛接触森林环境的活动，如登山观景、荫下散步、郊游野餐等活动，随着大量农村人口转移到城市，，小山村里的人越来越少，山里的植被愈加旺盛，山里的野生美食随处可见，如果有空，建议去乡村的山里走走，一定会有很好的收获……

◆桑葚果

那么山林中有哪些常见的可食用的野花和野果呢？在这一篇中，为你一一道来。

鱼腥草

鱼腥草原名蕺菜，因它的新鲜净叶中有一股浓烈的鱼腥气，不耐久闻，故以气味而得名。一般人在未使用它的时候往往顾名思义，以为此药气腥味劣，难以下咽。这是未经实践的缘故。其实，此药阴干后不仅没有腥气，而且微有芳香；在加水煎汁时，则挥发出一种类似肉桂的香气；它煎出的汁如淡的红茶汁，

◆凉拌鱼腥草

仔细品尝，也有类似红茶的味道，芳香而稍有涩味，毫无苦味，且无腥臭，对胃也无刺激性。鱼腥草具有良好的清热解毒作用，故前人用以治肺痈（肺脓疡）的要药。

蕨菜

◆蕨菜

蕨科草本植物蕨菜的幼嫩的叶。又称为蕨、蕨萁、龙头菜、蕨儿菜、猫爪子、拳头菜、娃娃拳、鸡爪菜。广泛分布于我国各地山野。春季采收，洗净略煮，去涩味用；或晒干，临用前先用开水浸泡或水煮，漂去涩味，营养作用如下：

1. 蕨菜素对细菌有一定的抑制作用，可用于发热不退、湿疹、疮疡等病症，具有良好的清热解毒、杀菌消炎之功效。
2. 蕨菜的某些有效成分能扩张血管，降低血压。
3. 所含粗纤维能促进胃肠蠕动，具有下气通便的作用。
4. 蕨菜可制成粉皮代粮充饥，有补脾益气，强健机体，增强抗病能力。

益母草

◆益母草

益母草为唇形科植物益母草的全草。一年或二年生草本，夏季开花。生于山野荒地、田埂、草地等。全国大部分地区均有分布。在夏季生长茂盛花未全开时采摘。食用功效：味辛、苦，性凉。活血、去瘀、调经、消水。治疗妇女月经不调、胎漏难产、胞衣不下、产后血晕、瘀血腹痛、崩中漏下、尿血、泻血、痈肿疮疡。

荠菜

3～4月采其全草，洗净炒食、作汤，根可煮食。菜可晒干，吃时用水泡开炒食。药用可治腹泻、痢疾（单味水煎服），也可治目赤肿痛，高血压以及各种出血症。荠菜食用方法很多，可拌、可炒、可烩，还可用来做馅或做汤。如荠菜拌香干、荠菜炒鸡蛋、荠菜烩豆腐、荠菜肉丝汤、荠菜春饼、荠菜馄饨等，均色泽诱人、味道鲜美。

◆荠菜

车前草

山野中常见的野菜之一。具有利尿、止泻等作用。车前草可煮熟生吃、做汤、做粥或炖着吃，如凉拌、车前草肉片汤、车前草叶粥、车前草炖猪肝等，是一味不可多得的佳蔬野菜。

车前草还是一种味道鲜美的野菜，在我国东北被称为"车轱辘菜"，在我国东北地区车轱辘菜一般是5月中旬到6月初味道最美，做法也很简单：要用刚长出的车前草，将其洗净后放入沸水中煮上15分钟出锅，放入凉水中再清洗一下，用手拧净后就可以装盘了，要蘸着东北大酱吃。

◆车前草

黄花菜

◆黄花菜

嫩叶、花蕾可食,叶和根入药。食用方法:鲜萱草花蕾有毒,含秋水仙碱,食用前必须用100℃沸水浸烫去毒。常用有凉拌萱草花蕾、炒肉、煮汤等。

黄花菜有较好的健脑、抗衰老功效,是因其含有丰富的卵磷脂,这种物质是机体中许多细胞,特别是大脑细胞的组成成分,对增强和改善大脑功能有重要作用,同时能清除动脉内的沉积物,对注意力不集中、记忆力减退、脑动脉阻塞等症状有特殊疗效,故人们称为"健脑菜"。

魔芋

魔芋全株有毒,以块茎为最。中毒后,舌、喉灼热、痒痛、肿大。民间用醋加姜汁少许,内服或含漱可以解救。因此魔芋食用前必须经磨粉、蒸煮、漂洗等加工过程脱毒。魔芋传统的吃法是做成魔芋豆腐。现在在日本、韩国的杂货店中就有魔芋粉出售,由家庭主妇在家中制作魔芋豆腐,并作为家庭常规菜肴食用。

◆魔芋

黄精

百合科草本植物黄精、滇黄精、多花黄精的根茎。产于河北、内蒙古、陕西、云南、贵州、广西、湖南、安徽、浙江等地。春、秋采挖，洗净，水烫或蒸至透心，干燥。切片用。味甘，性平。能滋肾润肺，补脾益气；有抗缺氧、抗疲劳、抗衰老作用；能增强免疫功能，增强新陈代谢；有降血糖和强心作用。用于阴虚肺燥，干咳痰少；消渴多饮；脾胃虚弱，脾气虚或脾阴不足；肾虚精亏，腰膝酸软，须发早白。

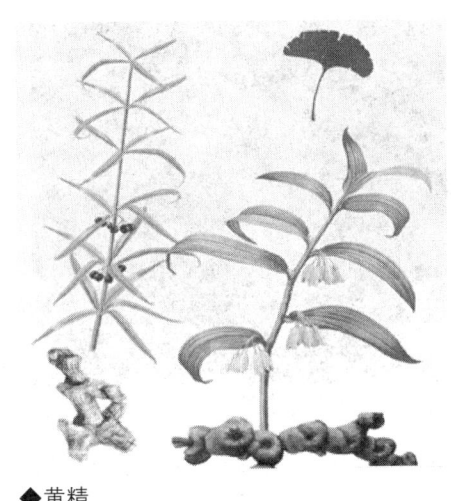

◆黄精

龙葵

花果期9～10月。只能食用成熟果实（紫黑色）。未成熟果实（绿色）及茎叶含龙葵碱，作用类似皂苷，能溶解血细胞。过量中毒可引起头痛、腹痛、呕吐、腹泻、瞳孔散大、心跳先快后慢、精神错乱，甚至昏迷。曾有报告儿童食未成熟的龙葵果实而致死亡（与发芽马铃薯中毒相同）。澳洲茄碱作用似龙葵碱，亦能溶血，毒性较大。

◆龙葵

趣味生命科学图解

野草莓

◆野草莓

这种应该大家都有吃过，小时候称这叫赤泡（野草莓），山上都有，最多是长在山脚下，野草莓是多年生草本，有蛋形的锯齿状绿叶，直立的茎端会长出白色的小花，然后结出红色的果实。果实可以生吃，有很多用途，例如用来增添利口酒的风味。此外也有缓和胃炎、肝炎，去除牙结石或牙齿黄斑，强健牙齿和牙龈的作用。但因为是凉性，在冬天寒冷时或在胃冷时，吃太多，会引起消化不良，所以要多加注意。用果实浸泡葡萄酒做成的酒能使人振作精神，让心情放轻松，长久以来就是人们常喝的饮料。

生命科学之趣——趣味生命科学巡礼

城市的名片
——中国十大城市的市花

香港市花——洋紫荆

洋紫荆又叫红花紫荆、红花羊蹄甲，为苏木亚科。羊蹄甲属常绿中等乔木。叶片有圆形、宽卵形或肾形，叶顶端都裂为两半，似羊蹄甲，故有此名。花期在冬春之间，花大如掌，略带芳香，五片花瓣均匀地轮生排列，红色或粉红色，十分美观。洋紫荆终年常绿繁茂，颇耐烟尘，特别适合于做行道树；树皮含单宁，可用作鞣料和染料；树根、树皮和花朵还可以入药。

◆洋紫荆

台北市花——杜鹃花

◆杜鹃

杜鹃花简称杜鹃，有花中西施的美誉，为杜鹃花科杜鹃花属植物，是中国十大名花之一。杜鹃是当今世界上最著名的观赏花卉之一，它是杜鹃花科中一种小灌木，有常绿性的，也有落叶性的。全世界有850多种，主要分布于亚洲、欧洲和北美洲。在中国境内有530余种，但种间的特征差别很大。

杜鹃,别名杜鹃花、红杜鹃、映山红、艳山红、艳山花、清明花、格桑花(藏语)、金达莱(朝鲜语)。

上海市花——玉兰花

◆玉兰花

玉兰花,又名木兰、白玉兰、玉兰等。木兰科落叶乔木,树高一般2～5米或高可达15米。花白色,大型、芳香,先叶开放,花期10天左右。

玉兰花盛开时,花瓣展向四方,使庭院青白片片,白光耀眼,具有很高的观赏价值;再加上清香阵阵,沁人心脾,实为美化庭院之理想花开。玉兰经常在一片绿意盎然中开出大轮的白色花朵,随着那芳郁的香味,令人感受到一股难以言喻的气质,委实清新可人。

高雄市花——木棉花

◆木棉花

木棉,落叶大乔木,高达40米;树干直,树皮灰色,枝干均具短粗的圆锥形大刺,后渐平缓成突起。枝近轮生,平展。掌状复叶互生,总叶柄长15～17厘米;小叶5～7厘米,长椭圆形,长10～20厘米,两端尖,全缘,无毛。花大,红色,聚生近枝端,春天先叶开放。蒴果大,椭圆形,木质,外被绒毛,成熟时5裂,内壁有白色长绵毛。

生命科学之趣——趣味生命科学巡礼

北京市花——菊花、月季花

【市花之一——菊花】

多年生草本植物，菊科菊属。菊花可以用扦插、分株、嫁接及组织培养等方法繁殖。菊花是中国十大名花之一，在中国已有3000多年的栽培历史。中国人极爱菊花，从宋朝起民间就有一年一度的菊花盛会。古神话传说中菊花被赋予了吉祥、长寿的含义。中国历代诗人画家以菊花为题材吟诗作画众多，给人们留下了许多名谱佳作，并将流传久远。

◆菊花

【市花之二——月季】

蔷薇科，常绿或半常绿低矮灌木，茎有刺，奇数羽状复叶，四季开花，多深红、粉红、偶有白色，可供观赏。花及根、叶，均可入药。也称月季花。

◆月季

深圳市花——叶子花

叶子花，又名三角花、室中花、九重葛、贺春红等，属紫茉莉科木质藤本状灌木，其花很细小，三朵聚生于三片红苞中，外围的红苞片大而美丽，被误认为是花瓣，因其形状似叶，故称其为叶子花。花期可从11月起至第二年6月。根据其枝、主及苞片有无绒毛，叶子花可分为两大类：无毛叶子花，枝叶光滑无毛，其中又有多花叶子花和斑叶叶子花之分。另一类为美丽叶子花，枝叶及苞片密生茸毛，其中又有

◆叶子花

红叶子花和砖红叶子花之分。该品种在气温 10℃ 以上才能越冬。叶子花具有一定的抗二氧化硫功能，是一种很好的环保绿化植物。

天津市花——月季花

◆月季

◆花中皇后——月季花

月季又名斗雪红、长春花、月月红等，蔷薇科，蔷薇属。月季花容秀美，千姿百态，芳香馥郁，四时常开，深受人们喜爱，被评为我国十大名花之一。目前广为栽培的月季与它的祖先中国月季差异很大，故特称之为现代月季，简称月季。它既可作切花生产，又可庭园栽植和盆栽，在花卉园艺上占有重要地位。月季、玫瑰是蔷薇属（rosa）中的不同种，但在国外相互不分，统称之为 rose，我国南方及上海等地，人们把现代月季也统称为玫瑰。

特征：花朵呈圆球形亦有散碎的花瓣。花大小约 1.5~2 厘米，紫色或深红色花瓣多数呈长圆形，有纹理，中间灰黄色花蕊，花萼绿色，先端裂为 5 片，下端膨大成长圆形的花托。

苏州市花——桂花

桂花，别称木樨、丹桂、岩桂、九里香、金粟，又有"仙树"、"月桂"、"花中月老"之称。原产地中国。桂花为木樨科，木樨属，常绿阔叶乔木，高 3~15 米，冠卵圆形。

桂花终年常绿，枝繁叶茂，秋季开花，芳香四溢，可谓"独占三秋压群芳"。

◆桂花

生命科学之趣——趣味生命科学巡礼

在园林中应用普遍，常作园景树。

　　桂花树是崇高、贞洁、荣誉、友好和吉祥的象征，凡仕途得志、飞黄腾达者谓之"折桂"。"月宫仙桂"的神话给世人以无穷的遐想。在长期的历史发展进程中，桂花形成了深厚的文化内涵和鲜明的民族特色。

重庆市花——山茶花

　　山茶花又名茶花，为山茶科、山茶属植物，原产中国长江流域以及西南各地。其性喜冷湿气候，不耐高温。对土质不苛求，但以含湿度高之砂质土壤较合适，全日照半日照均适宜。山茶花花姿丰盈，端庄高雅，为我国传统十大名花之一，也是世界名花之一。茶花具有"唯有山茶殊耐久，独能深月占春风"的傲梅风骨，又有"花繁艳红，深夺晓霞"的凌牡

◆傲骨鲜妍——山茶花

丹之鲜艳，自古以来就是极富盛名的花卉，在唐宋两朝达到了登峰造极之境，直到17世纪引入欧洲后造成轰动，因此而获得"世界名花"的美名。

拓展思考

1. 中国的首都是哪个城市？它的市花是哪种花？
2. 中国十大城市你喜欢哪个城市？
3. 香港的市花是哪种花？

趣味生命科学图解

生物世界漫游

微生物的特性
——孙悟空本领、猪八戒胃口、超生游击队

◆医护人员对公交车进行消毒

一说起动物和植物，很多人会滔滔不绝，但如果说起微生物，恐怕就有点陌生了，但是它无时无刻不存在于我们的四周，就是我们的身体里、衣服上、皮肤上、手上，都有许多微生物。它们所做的好事和坏事就可以使我们感觉到它的存在。比如你经常不洗手，吃没有洗干净的水果，就容易得痢疾；家里买的肉、菜等保管不好会烂掉，这都是因为微生物在捣鬼。你每天吃的馒头、面包、酱油、醋，以及过年时桌上摆的酒等，这些好吃的东西，都是微生物帮我们制造的，如果没有微生物，我们就无法吃到这些好东西，也就无法品尝到酸奶、果奶等饮料。微生物这个大世界里既有"好人"也有"坏蛋"，而且还有许多大家不认识、不了解的微生物。所以我们要认真地学习，去认识、了解它们，将来消灭微生物中那些使人得病、使东西变坏的坏蛋，为人们制造出更多好吃、好喝的东西来。

孙悟空式的生存本领——应变能力极强

《西游记》中的孙悟空在神话里是个怎么也折腾不死的英雄。微生物的生存本领有点像孙悟空。对周围环境的温度、压强、渗透压、酸碱度等，微生物有极大的适应能力。拿温度来说，有些微生物在80℃～90℃的

生命科学之趣——趣味生命科学巡礼

环境中仍能繁衍不息，另一些微生物则能在－30℃的环境中过得逍遥自在，甚至在－250℃的低温下仍不会死去，只是进入"冬眠"状态而已。拿压强来说，在 10 千米深的海底，压强高达 1.18×10^8 帕，但有一种嗜压菌照样很活跃，而人在那儿会被压成一张纸。拿渗透压来说，举世闻名的死海里，湖水含盐量高达 25％，可是仍有许多细菌生活着。正因为微生物有那么强盛的生命力，所以地球上到处都有它们的踪迹。

 **知识窗——俄专家提示：电冰箱可能成为细菌新繁殖地**

据俄《科学与生活》杂志报道，细菌的适应能力极强，极度缺氧的环境、开水中、石油里，都能成为它们栖身的地方。所以冰箱，特别是温度为 4℃～6℃的冰箱冷藏室，完全有可能成为细菌繁衍的新场所。

俄远东地区储存这些蔬菜水果的仓库温度通常为 4℃左右。在这种条件下，经过反复的生存斗争，一批生存能力强的菌种逐渐适应了这种环境并开始繁衍。这些蔬菜水果的储存时间越长，其带有的病菌越多。此后在运输、加工的过程中，这些细菌又会转移到其他食物上。所以将食物存入冰箱，对上述细菌来说无非是搬了一次家。

俄专家认为，冰箱是储存食物的好地方，但是不能盲目地相信它。他们建议人们最好将需要储存的食物密封起来，以杜绝与不洁食物相接触。

◆冰箱可能是细菌新繁殖地

◆带灭菌功能的冰箱

趣味生命科学图解

另外，食用前要将食物彻底加热至熟，以防止菌从口入。

猪八戒式的好胃口——消化能力强

◆猪八戒吃西瓜

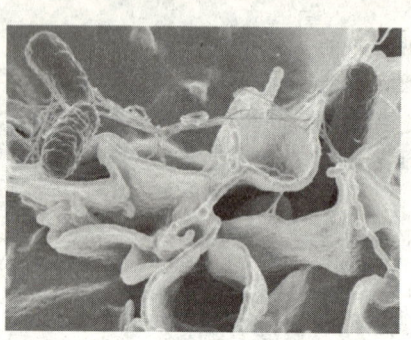

◆红色细菌——鼠伤寒沙门菌电镜图

《西游记》中的猪八戒是个馋鬼。微生物吃起东西来，那风卷残云的气势活像猪八戒。微生物不仅口味各异，食谱广泛，而且"胃口"也最大。生物界里有个普遍的规律，即某一生物的个体越小，其单位体重所消耗的食物越多。这在恒温动物中表现最为突出，例如，有一种体重仅3克的地鼠，每天要吃掉与其体重相等重量的粮食；一种体重还不满1克的蜂鸟，每天要消耗比其体重大2倍的食物。一个微生物细胞，比起地鼠和蜂鸟来，不知要小多少。微生物具有小体积大面积的特点，整个体表都具有吸收营养物质的功能，因而它们的"胃口"变得分外庞大。有人计算，在合适的环境下，大肠埃希菌每小时可消耗相当其自身重量2000倍的糖。如果换算成人，以每年平均消耗相当于200千克糖的粮食计，则一个细菌在1小时内消耗的糖约相当于一个人在500年时间内所消耗的粮食。微生物这么大的"胃口"！真可谓生物界之最。

 知识窗——俄专家提示：电冰箱可能成为细菌新繁殖地

俗话说："有什么别有病，没什么别没钱。"最近医学研究发现，钱其实很

生命科学之趣——趣味生命科学巡礼

"脏",它不仅是许多疾病传播的载体,也是引起许多疾病的罪魁祸首。不信,请你随我看一看吧!

你把钱放到显微镜下看一看,你会发现上边会有许多肮脏的东西。灰尘、油垢,更主要的是钱上有许多细菌。

据卫生检测表明,每张钞票上带有病原微生物26000~69000多个;即使一枚硬币上的病原微生物也有3~4万个。并且流通机会较多的角票比十元票平均带菌数高出数倍。

银行出纳员每点钞3张,其手指带菌数大约在600~2300个;点钞机点钞3000张,可击落灰尘0.2~1.2克,而每克灰尘含菌总数达5300亿个。钞票上病原微生物的种类也是五花八门,如沙门菌、大肠埃希菌、金黄色葡萄球菌、链球菌、绿脓杆菌、伤寒杆菌、肝炎病毒、结核杆菌、流感病毒、沙眼衣原体、痢疾杆菌等等,其中在小额的纸币上,20%带有痢疾杆菌,63%带有大肠埃希菌。

◆小心,钱上有病菌

◆出纳员点钞

生物世界漫游

首屈一指的超生游击队
——生长繁殖快

微生物的繁殖速度简直令人咋舌。只要条件适宜,20分钟就能分裂一次,不到一个小时,就能"五世同堂"了。虽然这种呈几何级数的繁衍常常受环境、食物等条件的限制,实际上不可能实现,但这也使动植物望尘莫及了。

细菌是靠分裂进行生殖的,也就是一个细菌分裂成两个细菌。长大以后又能进行分裂。在环境适宜的时候,不到半小时,细菌就能分裂一次。有些细菌在生长发育后期,个体缩小、细胞壁增厚,形成芽孢。芽孢是细

**QUWEI SHENGMING
KEXUE TUJIE**

趣味生命科学图解

一个细菌细胞含有单一的DNA环

DNA被复制

形成新的细胞

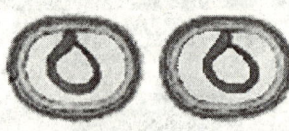

一个细菌分裂成两个细菌

◆细菌分裂图

菌的休眠体，对不良环境有较强的抵抗能力。小而轻的芽孢还可随风飘散各处，落在适当环境中，又能萌发成细菌。细菌快速繁殖和形成芽孢的特性，使它们几乎无处不在。

细菌也能传宗接代？

把一块馒头泡在水里，放在温暖的地方。过了1～2天，馒头有了馊味，有一小部分变黏了，这说明上面有了细菌；再过2～3天，变黏的部分扩大了，也许整块馒头都黏了，这说明细菌增多了。细菌是如何增多的？原来，细菌和动植物一样，也能繁殖后代。细菌繁殖的方式非常简单：1个细菌长大成熟了，就从中间裂开，变成2个。之后以同样的方式，2个可以变成4个。这种生殖方式叫做分裂生殖。大多数细菌20分钟就可以分裂一次，照这样的速度推算，1小时后就变成8个，2小时后变成64个，24小时内可以

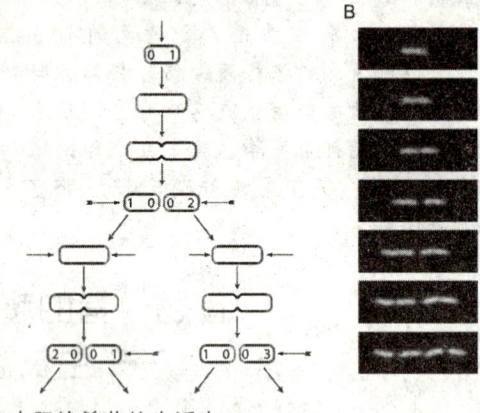

◆大肠埃希菌的生活史

繁殖72代，也就是变成了4722000000万亿个细菌。如果按10亿个细菌重1毫克计算，那么24小时内形成的细菌重量可达到4722吨！这是多么惊人的繁殖速度啊！若真是如此，地球将被细菌吞没。

生命科学之趣——趣味生命科学巡礼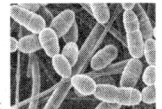

 科技文件夹

提示：

1个细菌经20分钟就分裂成2个，每小时可分裂3次，这样，1个细菌繁殖3代就产生8个细菌。即：1小时＝2^3＝8个；2小时 8×2^3＝64个。

照此速度繁殖下去，2小时就可繁殖6代，10个细菌2小时后繁殖的细菌数量大约为640个。

 拓展思考

假如你手上此刻有10个细菌，细菌的繁殖速度按照每20分钟繁殖一代来计算，在没有洗手的情况下，2小时后你手上的细菌数目是多少？这对你搞好个人卫生有什么启示（尤其饭前便后要及时洗手）？

是敌是友
——人体是细菌的天然游乐场

我们每个人的身体其实都是各种微生物天然游乐场。人体细菌有些对我们有益，有些有害。细菌对于人类起着必不可少的作用，例如帮助我们消化食物；另外细菌偶尔会发生的变异可能会使我们生病。

口腔细菌：齿垢密螺旋体

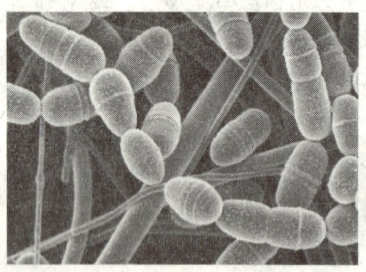
◆口腔细菌：齿垢密螺旋体

所有人的口腔里都有这种令人讨厌的小细菌，但是如果因为不注意卫生导致它们的繁衍失去控制，将会对牙龈造成一些严重破坏。它们生活在牙齿和牙龈之间黑暗、潮湿的环境里，这里是它们的聚集地。齿垢密螺旋体与可引起梅毒的梅毒螺旋菌有关。

口腔细菌：牙龈卟啉单胞菌

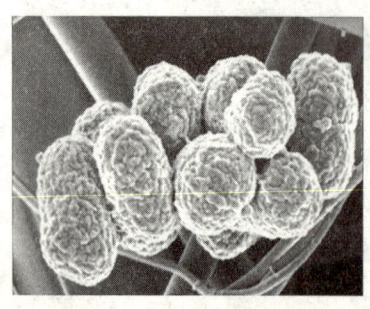
◆口腔细菌：牙龈卟啉单胞菌

患牙周病不是什么好事，口腔含有牙龈卟啉单胞菌也对健康不利，这是引发牙周病的一种主要细菌。不仅牙龈卟啉单胞菌可以引起发炎，它还能导致现在常见的抗生素抗性。事实上它们会把对牙齿有益的细菌挤兑走，并取代它们的位置。牙龈卟啉单胞菌一旦失控，它最终会导致牙龈从牙齿上脱落下来。

生命科学之趣——趣味生命科学巡礼

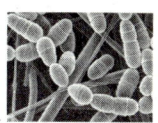

口腔细菌：韦荣球菌

我们不仅在口腔里能发现这种寄生菌属——韦荣球菌，而且呼吸道和消化道里也有它们的身影。它们是人体内现有复杂细菌群落里的最常见的一个，科学家认为，韦荣球菌通过把其他细菌产生的酸性产物转变成酸性更弱的产物，可以放慢蛀牙形成的速度。

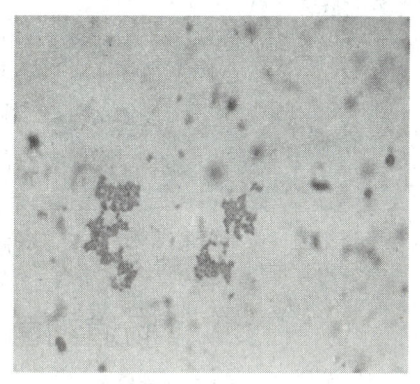

◆口腔细菌：韦荣球菌

胃部细菌：幽门螺杆菌

胃酸很强，因此除了幽门螺杆菌以外，没有别的细菌能在胃里幸存下来。科学家认为，这种细菌经过进化，可以穿透并移居到胃里的黏液组织里。进入胃里后，它可引发胃溃疡和胃炎等多种胃肠疾病。世界上大约有三分之二的人感染这种细菌，但是他们通常都没有任何临床症状。

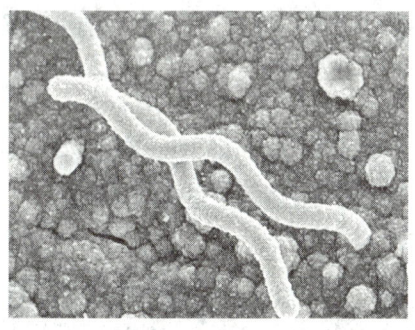

◆胃部细菌：幽门螺杆菌

肠道细菌：类细菌属细菌

细菌约占人类粪便干重的60%，难怪我们会认为肠内细菌非常令人厌恶。但事实上内脏生物群（包括细菌和真菌）在我们的胃肠道里起着很多积极作用，它们有时被称作"被遗忘的器官"。它们对人类的

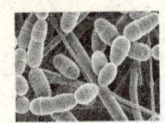

趣味生命科学图解

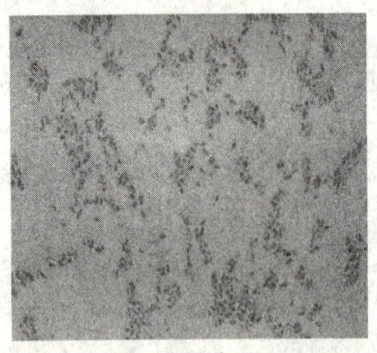

◆肠道细菌：类细菌属细菌

免疫系统起着重要作用，帮助人体分解糖类。但是在人体所有生物群中，有些肠内细菌对人体有益，有些却对我们有害。其中在我们肠道里发现的一种最常见的细菌是脆弱拟杆菌，它们能帮助人体产生维生素 K，并与致病细菌做斗争，保护我们。但是当它遇到大肠埃希菌时，会突然与后者联起手来，开始攻击人体，引起感染。

肠道细菌：大肠埃希菌

大肠埃希菌是一种最出名的肠道细菌，因为它是一种破坏性最大的细菌，不过只有当它发生特殊变异时，才会对人体有害。不管何时，我们每个人体内都有大肠埃希菌，不过一些变种会形成有毒特征，突然对寄主发动攻击。

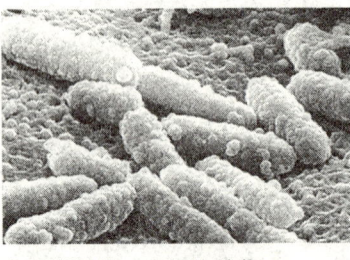

◆肠道细菌：大肠埃希菌

非病原性大肠埃希菌变种 Nissle 1917 对我们帮助很大，它被当作益生菌制成药物，但是大肠埃希菌的有毒菌株具有致命性。有毒菌株可通过奶制品和吃了被带菌粪便污染的食物的牛，传染给人类。

肠道细菌：白色念珠菌

几乎在每一个健康个体体内都能发现白色念珠菌，它们受到免疫系统强有力的控制。它们一旦失去控制，会对人体产生很大破坏。白色念珠菌通常是单细胞细菌，它在体内生存环境的刺激下，会转变成具有扩散性的多细胞细菌。可供它生存的环境包括皮肤、口腔、阴道、直肠和食管等。

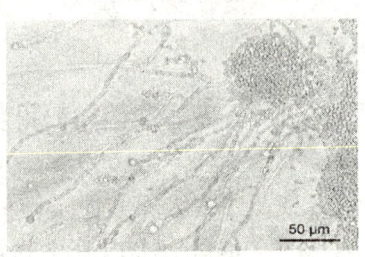

◆肠道细菌：白色念珠菌

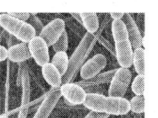

生命科学之趣——趣味生命科学巡礼

大部分人都知道它引起的疾病——念珠菌病是一种"宫颈感染"。

这种疾病不仅可引起患处发痒,而且在像艾滋病毒感染者等一些免疫缺陷个体的体内,这种细菌可进入血流,对心脏等重要器官造成严重感染。

皮肤细菌:马拉色菌属

另一种酵母菌——马拉色菌属可引起头皮发痒。球形马拉色菌(M. globosa)和限制马拉色菌(M. restricta)生活在人体油性最大的区域,它们可引起头皮屑和脂溢性皮炎。每个人的脑袋上可能都生活着数千万个球形马拉色菌。其他类型的马拉色菌属,例如厚皮马拉色菌(M. pachydermatis)等,更常见于动物的皮肤上,它们可通过人类的最好朋友——宠物狗传播给人类。

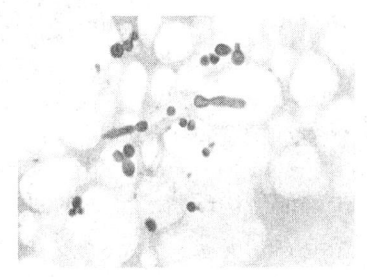

◆皮肤细菌:马拉色菌属

皮肤细菌:葡萄球菌属

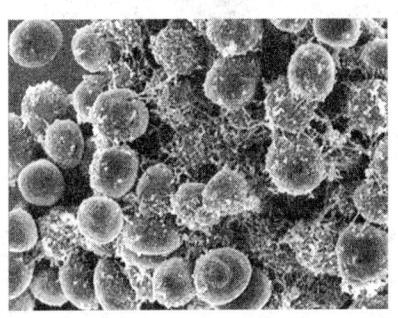

◆皮肤细菌:葡萄球菌属

很多人听到"葡萄状球菌"一词都会感到胆战心惊,尤其是最近致命的耐药葡萄球菌突然爆发。金黄色酿脓葡萄球菌是一种变种,它常会引起一些对人造成威胁的健康问题,经常通过食物中毒或通过皮肤与感染者的伤口接触等方式传染。

葡萄球菌属的另一种类型——表皮葡萄球菌更加普遍,它们聚集在我们的皮肤上。表皮葡萄球菌是典型的条件致病菌,但它随时都能通过医疗器械或导尿管、起搏器和隆胸等外来物质侵入人体,引起血液、眼睛和尿路感染。

趣味生命科学图解

皮肤细菌：痤疮丙酸杆菌

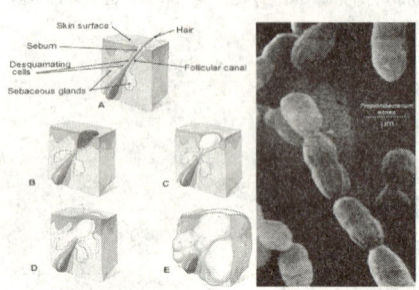

◆皮肤细菌：痤疮丙酸杆菌（P. acnes）

人们曾认为是巧克力和炸薯条引起痤疮，但事实上这种皮肤问题是由激素、死皮、油脂和细菌（即痤疮丙酸杆菌）等多种因素造成的。虽然没人清楚是什么原因导致痤疮通过皮脂腺感染的，但是我们清楚，痤疮丙酸杆菌生活在我们毛孔里的脂肪酸上，当毛孔被堵塞时，它们就会疯狂生长，葡萄状球菌等细菌通过流出的脓液黏在皮肤上，导致皮肤组织受损。利用过氧化苯甲酰和丁香油等很多天然抗生素可杀死痤疮丙酸杆菌，但是四环素不行，因为痤疮丙酸杆菌已经对它产生耐药性。

【科学家绘出人体细菌分布图】
美国科罗拉多大学博尔德分校一个研究小组成功绘制出人体细菌群落分布图，为临床医学研究提供重要帮助。

◆人体微生物分布图

拓展思考

1. 细菌对人体来说是不是都是有害的？
2. 人体的胃里含丰富的胃酸，pH值很低，哪种细菌能幸运生存下来？

生命科学之"民星"

——诺贝尔奖之外的中国先行军

每年一次的诺贝尔奖,都让13亿中国人失望和失落。其实这里的玄机在于,诺贝尔奖实际上乃是维护西方优越国际地位的最坚定的操作者。事实上,目前中国科学家特别是民间科学家已经取得许多重大科学研究成果,这些成果足以获得若干项诺贝尔奖。之所以诺贝尔奖至今还没有授给中国人,主要原因是信息不通:一是有权提名者不知道中国人的科研成果;二是由于语言障碍许多中国人的成果未能让国外提名者知道;三是许多刊物没有为民间科学家的科研成果提供发表的机会。

有必要指出的是,中国人至今未能获得诺贝尔奖,这既是中国人的遗憾,也是诺贝尔奖评选委员会的遗憾,更是诺贝尔先生的遗憾,因为他的化学炸药是从中国人的火药发展而来的。

纵观生命科学发展史,中国生物科学家对世界生命科学的贡献真是不小。下图是获得诺贝尔奖的几位华人,这是我们的一种骄傲,但是,更多的人被拒绝在诺贝尔奖之外。他们的贡献不容忽略,我们称之为生命科学之"民星"。就让我们细数一下对世界生命科学产生过巨大贡献的民间科学家吧。

◆获得诺贝尔奖的六位科学家

生命科学之"民星"——诺贝尔奖之外的中国先行军

人工合成蛋白质奠基人
——王应睐

王应睐先生是我们共同尊敬及爱戴的著名生物化学家,是人工全合成牛胰岛素和人工合成酵母丙氨酸转移核糖核酸工作的组织、领导者。

1965年,中国科学院上海生物化学研究所在所长王应睐的组织和领导下,在经历了多次的失败后,终于在世界上率先首次用人工方法合成具有生物活性的蛋白质——结晶牛胰岛素,标志着人类在认识生命和探索生命奥秘的征途上迈出了重大的一步。这一重大科研成果轰动了当时的国际学术界,为祖国赢得了巨大的荣誉,但是作为学科带头人的王应睐教授,面对功绩和荣誉,想到的是集体和他人,甚至没有在科研报告中签上自己的名字。第二年,瑞典皇家科学院诺贝尔奖评审委员会化学组主席专程来到中国,研究评选有关人工合成结晶牛胰岛素的中国科学家获奖事宜。由于人工合成结

◆王应睐(中)等科学家在研究试验结果

◆王应睐教授

趣味生命科学图解

晶牛胰岛素是我国众多科学家集体研究的成果,不符合该奖项对象最多为三人的规则,因此中国科学家与诺贝尔奖擦肩而过。但是王应睐教授对中国甚至世界生物化学领域的巨大贡献是国内外公认的,美国加州大学一位教授说,"他的故事,应该让每一个中国人知道"。著名英国学者李约瑟将王应睐称为"中国生物化学的奠基人之一"。邹承鲁先生说过,"中国的生物化学与分子生物学能有今天的水平和规模,王应睐先生功居首位。"

◆人工合成具有生物活性的牛胰岛素蛋白质晶体模型

生命科学之"民星"——诺贝尔奖之外的中国先行军

中国"杂交水稻之父"、"当代神农"、"米神"——袁隆平

中国农民说，吃饭靠"两平"，一靠邓小平（责任制），二靠袁隆平（杂交稻）。西方世界称，杂交稻是"东方魔稻"。他的成果不仅在很大程度上解决了中国人的吃饭问题，而且也被认为是解决21世纪世界性饥饿问题的法宝。国际上甚至把杂交稻当作中国继四大发明之后的第五大发明，誉为"第二次绿色革命"。

◆正在田间试验的袁隆平教授

袁隆平1930年9月7日生，籍贯江西省九江市德安县，生于北京。我国杂交水稻研究创始人，被誉为"杂交水稻之父"、"当代神农"、"米神"等。

他1953年毕业于西南农学院（1985年更名为西南农业大学，2005年与西南师范大学合并组建为西南大学），中国工程院院士，中国研究杂交水稻的创始人，世界上成功利用水稻杂交优势的第一人。他于1964年开始从事杂交水稻研究，用9年时间于1973年实现了三系配套，并选育了第一个在生产上大面积应用的强优高产杂交水稻组合——南优2号。为

◆正在田间试验的袁隆平教授

此，他于1981年荣获我国第一个国家特等发明奖，被国际上誉为"杂交水

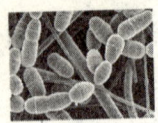

QUWEI SHENGMING
KEXUE TUJIE

趣味生命科学图解

稻之父"。

轶闻趣事——与"杂交水稻之父"的精彩对话

2007年5月上旬，刚从美国参加美国科学院外籍院士就任仪式回国的袁隆平院士，在湖南省农科院接受了新闻记者的集体采访，下面是问答实录。

1. 您做过很多科学实验，也经历过许多失败，您有没有想到过放弃？

袁隆平：当时是一边倒，什么都向苏联学习，我当时迷信苏联，就按米丘林学说搞无性杂交，把番茄嫁接在马铃薯上面，把西瓜嫁接在南瓜上面，搞得西瓜不像西

◆国家最高科技奖获得者/袁隆平在领奖现场

瓜，南瓜不像南瓜，后来才醒悟过来，便偷偷学孟德尔经典遗传学。

2. 您怎么看待科研中的成功与失败？

袁隆平：搞科研课题的方向对不对，这是前提，如果方向不对，再努力也是白搭。只要方向是对的，尽管有挫折和失败，通过努力，最后还是会成功的。

3. 我知道您这些年特别关注人才培养，您自己过着这么朴素的生活，却把很多钱捐出来培养年轻人，您这么做是基于什么样的考虑呢？

袁隆平：年轻人搞课题研究没有

◆袁隆平接受中学生的献花

生命科学之"民星"——诺贝尔奖之外的中国先行军

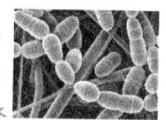

经费,我就适当地资助他们一点,奖励在农业方面有贡献的年轻人。没有钱你怎么搞研究?要调动年轻人的积极性,我就资助他们3万元、2万元,多的一年资助5万元。还有培养博士生,原来每年给我一个指标、一些经费,我们设立了基金会,我就可以多带几个博士生。国家拿不出更多的钱,我们基金会可以解决。

4. 您曾说过您上学的时候很淘气,是一个学习不怎么好的差学生?

袁隆平:差是差一点,说老实话,我不是很好的学生。我小时候就喜欢游泳。抗日战争的时候,我在重庆读书,日本飞机天天在轰炸,我们就跑到河里游泳躲避轰炸,后来干脆就逃学,不上学。我喜欢的课成绩就好,不喜欢的就只求三分好,我现在最遗憾的就是数学没学好,初中学正负数的时候,负乘负要得正,我不懂,就问老师为什么?他不解释反而要我呆记,我从此不感兴趣。结果数学就没有学好。我同桌的一个同学(后来也成了中国工程院院士,得了科技进步特等奖)数学成绩很好,但他不会游泳。我们就搞交易,我教他游泳,他帮我解习题。他倒是学会了游泳,后来在游泳比赛中得了第二名,我对数学还是一头困惑,还是不懂。

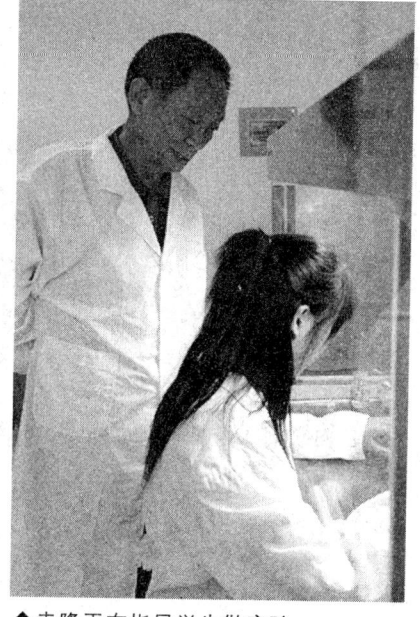

◆袁隆平在指导学生做实验

5. 您的工作类似苦行僧,您为什么还会有那么深的情结?

袁隆平:对事业的追求就是乐在苦

◆袁隆平先进事迹报告会在北京人民大会堂举行。图为袁隆平在报告会上发言

中,搞农业科技工作是很苦的,整天在太阳底下晒、在泥田中踩。但是因为有希望在那里,会出好品种,所以乐在苦中。如果没有希望,盲无目的,就不会有乐趣。

6. 您能不能讲一个在遇到困难和挫折时候的故事?

袁隆平:我讲个最有趣的故事,文化大革命期间,工作组到学校来搞运动。

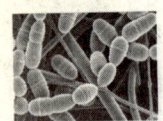

QUWEI SHENGMING
KEXUE TUJIE

趣味生命科学图解

当时他们有一个指标，要揪5%的牛鬼蛇神出来，一个礼拜揪一个，已经揪了五六个出来了，我是第7个，牛棚里的床铺都要准备贴上"袁隆平"三个字了。这天工作组组长突然找到我，要我晚饭后到他办公室去一下，我心想，糟了。我问他什么事，他说是抓革命促生产，既要抓革命还要促生产。他要我选一块试验田。后来我问工作组长为什么不批斗我，他说本来是要批斗的，要新账老账一起算，但是后来上面来了一个文，要求重视和支持我的杂交水稻研究，他就去请示，问我到底是批斗对象还是保护对象，说当然是保护对象，于是就取消了对我的批斗。

生物世界漫游

生命科学之"民星"——诺贝尔奖之外的中国先行军

SHENGWU
SHIJIE MANYOU

中国生物界的"居里夫妇"
——童第周和叶毓芬

童第周（1902～1979年）浙江宁波人，著名生物学家。童第周和夫人叶毓芬1926年相识。他俩既是浙江同乡，又同在宁波读过书，从相识到相知。在童第周的鼓励和帮助下，叶毓芬勇敢地挣脱了封建婚姻的束缚，考入了上海复旦大学生物系，俩人成了先后的同学，又从相知到相恋。1930年，28岁的童第周从复旦大学毕业，得到一次出国留学的机会。去，还是不去？一对正在热恋中的青年，一时踌躇不定。叶毓芬为了童第周的前途和祖国的科学事业，毅然支持童第周出国深

◆童第周在指导学生做实验

造。决定作出后，他们一同回到宁波，举行了简单的婚礼。一对新婚夫妇，从此劳燕分飞。

新中国成立后，童第周夫妇受到党和政府的亲切关怀。他们精神振奋，并肩战斗，在细胞遗传学的研究方面取得重大进展。"童鱼"的诞生，就是一个奇迹。每逢文昌鱼产卵季节，夫妇俩常不分昼夜地连续待在实验室里几十天，观察、记录、解

◆童第周

生物世界漫游

"科学就在你身边"系列

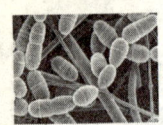

趣味生命科学图解

◆童第周试验材料——棕蛙卵子

剖、实验，积累数据，探索奥秘。童第周的大部分科研成果，都凝结着叶毓芬的心血。有人统计，夫妇俩合作的科研论文，占童第周主要论文的69%以上。他们被誉为中国生物界的"居里夫妇"。

离开山东大学后的童第周夫妇，在十年动乱时期，曾被一些人当作"反动学术权威"进行批判。他们的爱情生活又一次经受了前所未有的考验。有人强迫叶毓芬揭发检举童第周，叶毓芬横眉冷对、斩钉截铁地说："我和他一起生活了几十年，我了解他，他不是你们说的那种人！"对方厉声斥责她："都什么时候了，你还要保童第周？"叶毓芬从容地回答："说保就保吧，我了解他，才要保他！"每当叶毓芬在批斗会上、劳动现场远远看见丈夫瘦弱的身影，她的心就像刀割一样。

轶闻趣事——滴水穿石的故事

童第周小时候的好奇心十分强，看到不懂的问题往往要向父亲问个为什么。一天，童第周看到屋檐下的石阶上整整齐齐地排列着一行小坑坑，他琢磨半天弄不明白是怎么回事，便去问父亲："父亲，那屋檐下石板上的小坑是谁敲出来的？是做什么用的呀？"父亲看到儿子这么好奇，高兴地说："这不是人凿的，这是檐头水滴下来敲的。"小童第周更奇怪了，水还能把坚硬的石头敲出坑？父亲耐心地解释说："一滴水当然敲不出坑，但是天长日久，点点滴滴不断地敲，不但能敲出坑，还能敲出一个洞呢！古人不是常说'滴水穿石'嘛！就是这个道理。"父亲的一席话，在小童第周的心里激起了一阵阵涟漪，他坐在屋檐下的石阶上，望着父亲，似懂非懂地点

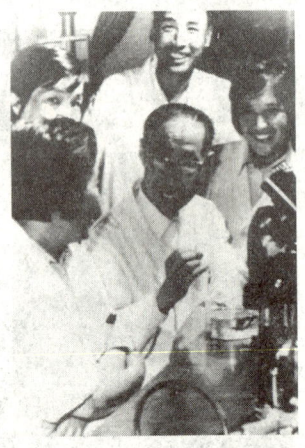

◆图为童第周夫妇花自己工资为实验室买来了显微镜

生命科学之"民星"——诺贝尔奖之外的中国先行军

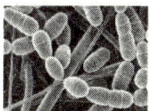

SHENGWU
SHIJIE MANYOU

了点头。由于农活比较多,童第周对学习有些失去兴趣,不想读书了。父亲耐心地开导童第周说:"你还记得'滴水穿石'的故事吗?小小的檐水只要常年坚持不懈,能把坚硬的石头敲穿。难道一个人的恒心不如檐水吗?学知识也要靠一点一滴积累,坚持不懈才能获得成功。"为了更好地鼓励童第周,父亲书写了"滴水穿石"四个大字赠给他,并充满期望地说:"你要把它作为座右铭,永志不忘。"

拓展思考

1. 还记得小学课文《一定要争气》讲的是哪个科学家的故事吗?
2. 滴水穿石的故事给你什么启发?
3. 被誉为中国生物界的"居里夫妇"是哪对科学家?

生物世界漫游

趣味生命科学图解

中国的摩尔根
——谈家桢

◆谈家桢与导师诺贝尔奖获得者摩尔根院士在一起（1935年，美国加州理工学院）

谈家桢，国际遗传学家，我国现代遗传学奠基人之一，杰出的科学家和教育家。浙江宁波人。1934年从事果蝇进化遗传学研究，利用当时研究果蝇唾腺染色体的最新方法，分析了果蝇近缘种之间的染色体差异和染色体的遗传图，促进了"现代综合进化论"的形成。在美国工作期间，先后单独或与美、德等国科学家合作发表论文10余篇。回国后（1937年），应竺可桢校长之邀任浙江大学生物系教授、理学院院长。

在谈家桢的人生历程中，有一件事使他一直难以忘却，毛泽东主席曾四次接见他，他当面聆听过这位共和国领袖的教诲。毛泽东与谈家桢主要谈了遗传学在中国的发展问题，支持他，鼓励他要把遗传学搞上去。这些接见的本身不仅为这位心直口快、对事业怀着赤子之心的科学家撑了腰，

◆谈家桢铜像

生命科学之"民星"——诺贝尔奖之外的中国先行军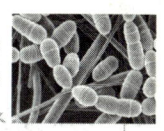

使他在当时特定环境下从遭受挫折、身处艰难甚至危机四伏的困境中得到了解脱;更重要的是在客观上把谈家桢推向了前阵,使他在扭转当时遗传学在中国发展的不正常局面起到了重要的作用,推动和促进中国遗传学事业的健康发展。

轶闻趣事——

【青岛大会话遗传】

谈家桢第一次见到毛泽东主席,是在 1956 年 3 月中央工作会议期间,当时正逢青岛遗传学座谈会结束后不久。一天晚上,毛泽东指名要接见谈家桢等人,当中宣部部长陆定一把谈家桢介绍给毛泽东时,毛泽东和蔼地笑着,伸出他那只有力的大手,紧握谈家桢的手,亲切地说:"哦,你就是遗传学家谈先生啊!"毛泽东笑问谈家桢,对贯彻"双百"方针、对遗传学研究工作,有些什么意见。毛泽东耐心地倾听谈家桢的意见,不住地点头。这次谈话,使谈家桢受到极大的鼓励,回到上海,正赶上大鸣、大放,本来就是"大炮"脾气,加上毛泽东接见时的一番勉励,他又直言不讳了。不久,"反右"开始,有人几次跟谈家桢"打招呼",要他"看清形势"、"有所收敛"。有关方面甚至已将他划为"内定右派"。

【"内定右派"烟消云散】

1957 年 7 月,毛泽东到上海视察工作。一天,谈家桢接到通知,要他到上海中苏友好大厦(今上海展览中心)出席会议。谈家桢未曾料到,毛泽东在许多人中间一眼认出了他,笑呵呵地对他说:"老朋友啦,谈先生。"继而又风趣地说,"辛苦啦,天气这么热,不要搞得太紧张嘛!"毛泽东的这些话,便把谈家桢从"敌人"拉回到人民中间。

【西子湖畔谈笑风生】

1958 年 1 月 6 日傍晚,他突然接到上海市委的通知,匆匆赶到市委统战部。原来,毛泽东特意派了自己的专机,要他和周谷城、赵超构一起到杭州。抵达刘庄,已过晚上 10 时,毛泽东竟亲自站在门口等候着他们,令人深为感动。于是,在夜色迷人的西子湖畔,毛泽东和三位党外朋友品茗畅谈,毛泽东的谈话,广及工业、农业、历史、哲学、新闻、遗传等各个方面,但见他谈笑风生、旁征博引、气度恢宏、妙趣盎然。

"谈先生,把遗传搞上去,你还有什么障碍和困难吗?"在毛泽东亲切的询问下,谈家桢郁积已久的心里话,汩汩地涌了出来。毛泽东仔细地倾听完他的话

趣味生命科学图解

◆谈家桢

后,再次表态:"有困难,我们一起来解决,一定要把遗传学搞上去!""要大胆地把遗传学搞上去。"

毛泽东第四次接见谈家桢是1961年。五一节国际劳动节时毛泽东到了上海,在锦江饭店约见了谈家桢。毛泽东一见到谈家桢,就紧握着他的手问:"你对把遗传学搞上去还有什么顾虑吗?""没有什么顾虑了",谈家桢十分激动:"我们遵照'双百'方针,学校里已经成立了遗传学教研室,两个学派的课程同时开。"毛泽东当即表态:"我支持你!"站在一边的负责上海统战工作的刘述周同志随即表态:"我们大力支持谈先生在上海把遗传学搞上去。"毛泽东笑了,点点头说:"这样才好啊,要大胆地把遗传学搞上去!"

生命科学之"民星"——诺贝尔奖之外的中国先行军

与鸟儿一起飞翔
——郑作新院士

郑作新院士是中国科学院动物研究所的研究员，他是我国现代鸟类学的奠基人。在他之前，我国的鸟类研究几乎是一片空白。而在郑作新院士半个多世纪的指导、倡导和影响下，中国鸟类学研究的广度、深度和速度，处于我国动物学发展的前沿，并且在世界亦极具影响。

◆郑作新铜像

为中国的鸟类写谱立传

为了尽快摸清中国鸟类的家底，60多年来，郑作新争分夺秒，不知疲倦地工作着，每天工作三个单元，所有的节假日都变成了工作日，包括新春佳节也要到办公室去。

1941年，他发表的《邵武三年来野外观察报告》，是我国第一篇有关鸟类及其生态实地考察的报道。

1947年他写出的《中国鸟类名录》，是中国学者首次自己系统地研究鸟类的专著。书中列出鸟类1087种，912亚种，总计1999种。此书为新中国进行鸟类全面考察研究打下了基础。

◆郑作新编写的《与鸟儿一起飞翔》

趣味生命科学图解

与鸟儿齐鸣
郑作新院士鸟类科普文集

◆郑作新编写的鸟类科普文集

1955年和1958年,他先后编写了《中国鸟类分布名录》上下卷,初步确定了全国鸟类的学名和同物异名,并搞清了种和亚种的分布。

1978年,历经文化大革命的磨难,在地下室尘封沉睡了10年失而复得的手稿《中国鸟类分布名录》第2版出版了。为此,母校密歇根大学在1981年郑作新再度访美时,颁给他荣誉科学奖。

生命科学之"民星"——诺贝尔奖之外的中国先行军

用生命探索生命一代宗师
——贝时璋

贝时璋（1903.10.10～2009.10.29），浙江省宁波镇海县人，中国科学院院士，实验生物学家，细胞生物学家，教育家。我国细胞学、胚胎学的创始人之一，我国生物物理学的奠基人。早年从事无脊椎动物实验胚胎学和细胞学的研究；20世纪30年代观察到其雌雄生殖细胞的相互转化现象；20世纪70年代提出了细胞重建学说，并培养出一批生物物理学骨干人才。

◆贝时璋教授

研究领域及其成就

我国早期生物学教育家

贝时璋在浙江大学生物系讲授组织学等生物学课程，内容详实，条理清晰。他能记得成百上千个骨头、神经肌肉和血管等的拉丁名称，使学生们惊叹不已。他的教学精辟、透彻、融会贯通。他给研究生开设实验形态学等课目，引起学生们探索自然的兴趣，也给他们从事科研工作以启蒙教育。他在浙江大学生物系辛勤耕耘20年，培养出朱壬葆、江希明、姚鑫、陈士怡、王祖农、陈启鎏、朱润、徐

◆贝时璋在指导学生

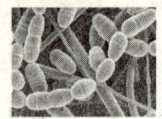

QUWEI SHENGMING
KEXUE TUJIE

趣味生命科学图解

学峥等著名的实验生物学家。

我国实验生物学的先行者

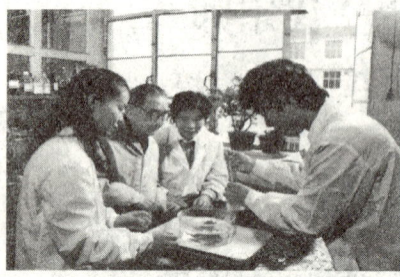

◆贝时璋在做实验

贝时璋初到浙大筹建生物系时，就明确建议该系以发展实验生物学为主，为此他培养了众多实验生物学学生。从1930年开始到1945年，贝时璋在浙大从激素、染色体、细胞学等多种角度开展实验生物学的研究。

我国放射生物学的开拓者

1958年成立生物物理所后，第一个建立的就是放射生物学研究室。贝时璋作为所长，特别关心这个领域的工作，专门成立了一个放射生态学研究组。为了更好地揭示生命的奥秘，彻底地了解生物的规律，放射生物学的发展是非常必要的。

细胞重建学说的创始人

贝时璋一生中最重要的成果之一，即建立细胞重建学说。把细胞分裂和细胞重建结合起来研究，把模拟和诱导自组织结合起来研究，对改变细胞的结构和性质，对改造细胞的性状、选优汰劣、控制定向生产提供新的手段和途径。细胞重建的研究在国内外都有很大的影响。

生命科学之"民星"——诺贝尔奖之外的中国先行军

贝时璋四张珍贵的博士学位证书的故事

在德国图宾根大学的历史上,关于授予博士学位证书有一个传奇故事,故事的主人公便是我国著名生物学家、教育家贝时璋院士。

1928年,贝时璋获得图宾根大学自然科学博士学位;50年之后的1978年,图宾根大学再次授予他博士学位;60年之后的1988年以及75年之后的2003年,图宾根大学又两次授予他博士学位。这样,就有了一段关于贝时璋4张博士学位证书的故事。贝时璋是唯一获得图宾根大学如此殊荣者,图宾根大学更以有贝时璋这样的校友而倍感荣幸。这举世无双的4张珍贵的博士证书,彰显着贝时璋的科学人生,也饱含着德国人民对中国人民的深厚友谊。

第一张证书

1928年,贝时璋和他的德国同学魏尤完成了博士论文,学校通知他们两人于3月1日下午2点到位于威廉街的校本部进行论文答辩。下午4时,他们顺利通过了答辩。这一天,贝时璋拿到了图宾根大学授予的第一张自然科学博士学位证书。

第二张证书

1978年是贝时璋获得博士学位50周年。鉴于像他这样在博士研究生毕业50年后还在进行学术工作且取得卓著成果的,在图宾根大学的毕业生中仅他一人。同年3月间,趁巴登-符腾堡州(Baden-Württenberg)州长斯佩特先生访华之际,图宾根大学委托其代为授予贝时璋自然科学"金博士"学位。

第三张证书

1988年,贝时璋的图宾根大学老同学还有多位健在,他们建议学校再次授予贝时璋自然科学博士学位,因为贝时璋在毕业60年后还在做研究工作,而且工作进展很快,这在世界上也是没有先例的。是年3月,贝时璋便接到了图宾根大学校长寄来的第三张博士学位证书。

第四张证书

2003年9月26日,中国科学院生物物理研究所召开了"贝时璋先生百岁寿辰暨建所45周年庆祝大会"。德国驻华大使馆公使科伊内

趣味生命科学图解

（H. Keune）先生代表德国政府到会祝贺，授予他"唯一学术公民"称号，并代表图宾根大学授予他"钻石博士"学位。贝时璋的长女贝濂代表他接受了第四张博士学位证书。当天，国家天文台宣布批准将国家天文台于1996年10月10日发现的、国际永久编号第36015的小行星命名为"贝时璋星"。

生命科学之用

——生活的好帮手

生命科学是研究生命现象、生命活动的本质、特征和发生、发展规律,以及各种生物之间和生物与环境之间相互关系的科学,用于有效地控制生命活动,能动地改造生物界,造福人类生命科学与人类生存、人民健康、经济建设和社会发展有着密切关系,是当今在全球范围内最受关注的基础自然科学。

生命科学与人,生命科学与人类社会,生命科学与人类前途命运,生命科学与人类日常生活的关系日益紧密,对人类社会的影响无法估量。仿生科学家模仿人的小腿骨设计了埃菲尔铁塔;模仿动物的骨架设计出了桥梁;大肠埃希菌,普遍存在于我们人类的肠道,帮助消化;酵母菌,你吃馒头不能没有它,包括各种酿造制品。乳酸菌发酵的酸奶、醋酸杆菌发酵的醋,我们在日常生活中经常用到。

仿生学符号 艾菲尔铁塔与人的小腿骨相似 动物的肌体与桥梁惊人地相似

生命科学之用——生活的好帮手

我是治病能手
——常见的药用植物

药用植物是医学上能用于防病、治病的植物。中国是药用植物资源最丰富的国家之一，中国古代有关史料中曾有"伏羲尝百药"、"神农尝百草，一日而遇七十毒"等记载。药用植物种类繁多，其药用部分各不相同，全部入药的，如益母草、夏枯草等；部分入药的，如人参、曼陀罗、射干、桔梗、满山红等；需提炼后入药的，如金鸡纳霜等。既然药用植物对我们这么有用，让我们一起来了解一下常见的药用植物吧。

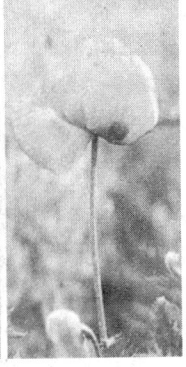

◆罂粟

百草之王——人参

人参为"第三纪孑遗植物"，根部肥大，常有分叉，全貌颇似人的头、手、足和四肢。人参被人们称为"百草之王"，是闻名遐迩的"东北三宝"（人参、貂皮、鹿茸）之一。

人参的分类

世界上的人参有四大家族：即我国的"吉林人参"，朝鲜的"高丽参"，日本的"东洋参"，加拿大、美国的"西洋参"。

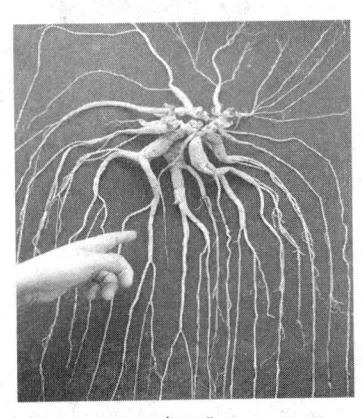

◆长白山"人参王"

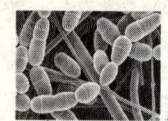

QUWEI SHENGMING
KEXUE TUJIE

趣味生命科学图解

生物世界漫游

◆人参

◆人参饮片

◆一对人参

我国的人参有三种类型：即"野山参"，产于深山老林中。我国吉林省出产的质量最好，故又称"吉林参"；另一种是用野山参的种子进行人工种植，叫"园参"；还有一种和园参同类，是将幼小的山参移植于园田，或将幼小的园参移植于山野成长的，叫"移山参"。

人参的功效和人参的作用

人参治劳伤虚损，食少，倦怠，反胃吐食，阳痿，尿频，消渴，妇女崩漏，小儿慢惊，大便滑泄，虚咳喘促，自汗暴脱，惊悸，健忘，眩晕头痛，久虚不复，一切气血津液不足之证。人参的功能主治：大补元气，固脱生津，安神。

人参传说

深秋的一天，有两兄弟要进山去打猎。进山后，兄弟俩打了不少野物，正当他们继续追捕猎物时，天开始下雪，很快就大雪封山了。没办法，两人只好躲进一个山洞，他们除了在山洞里烧吃野物，还到洞旁边挖些野生植物来充饥。一天，他们发现一种外形很像人形的东西味道很甜，便挖了许多，当水果吃。不久，他们发觉，这种东西虽然吃了浑身长劲儿，但是多吃会出鼻血。为此，他们每天只吃一点点，不敢多吃。转眼间冬去春来，冰雪消融，兄弟俩扛着许多猎物，高高兴兴地回家了。

生命科学之用——生活的好帮手

村里的人见他们还活着,而且长得又白又胖,感到很奇怪,就问他们在山里吃了些什么。他们简单地介绍了自己的经历,并把带回来的几枝植物根块给大家看。村民们一看,这东西很像人,却不知道它叫什么名字,有个长者笑着说:"它长得像人,你们两兄弟又亏它相助才得以生还,就叫它'人生'吧!"后来,人们又把"人生"改叫"人参"了。

◆人参娃娃

金不换——三七

◆三七

三七,又叫田七,因枝分三叉,叶为七片,故称为三七。蜚声中外的"云南白药",就是以三七为主要原料制成的。三七入药历史悠久,作用奇特被历代医家视为药中之宝,故有"金不换"之说法。三七是典型的阴生植物,多生于山坡丛林下。

药中极品——天山雪莲

天山雪莲,又名"雪荷花"。是新疆特有的珍奇名贵中草药,生长于天山山脉海拔4000米左右的悬崖陡壁之上、冰渍岩缝之中。那里气候奇寒、终年积雪不化,一般植物根本无法生存。而雪莲却能在零下几十度的严寒中和空气稀薄的缺氧环境中傲霜斗雪、顽强生长。人们奉雪莲为"百草之王"、"药中极品"。

天山雪莲的主要成分和功效

1. 对风湿、类风湿及肾虚引起的腰膝酸痛。

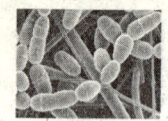

**QUWEI SHENGMING
KEXUE TUJIE**

趣味生命科学图解

◆天山雪莲

◆天山雪莲映衬在高山白云下

2. 含有丰富的蛋白质和氨基酸，可有效地调节人体酸碱度，增强人体免疫力及抗疲劳、抗衰老作用。

3. 可有效地保护皮肤免受紫外线侵害，改善皮肤色素沉着，延缓人体衰老，使人常葆青春。

"药中黄金"——冬虫夏草

18世纪20年代，法国的一个科学考察队在我国西藏发现了冬虫夏草。100年后，英国植物学家才揭开了它的庐山真面目。

> 大家都知道或听说过，古人说它冬天是虫，夏天成草，冬天又变为虫。果真如此吗？

原来，冬虫夏草是蝙蝠蛾科的幼虫被虫草菌属的真菌感染后形成的。在幼虫感染生病的初期，幼虫表现为行动迟缓，随后则出现惊恐不安，到处乱爬，最后钻入距地表3～5厘米深的草丛根部，头朝土表，不久便死亡。真菌菌丝以幼虫体内组织为食，在幼虫体内生长。幼虫虽死，但其体壳仍然完好，冬季发现时仍像一条虫子。寒冬过后，到第2年春暖花开之际，虫体内的真菌迅速发育，到五六月份，从幼虫头部长出1根真菌的子座，长2～5厘米，顶端膨大，子囊孢子充满了囊壳。子囊孢子成熟后从子囊壳中散发出来，再去感染其他幼虫。因此，被感染的幼虫在地表下是完整的幼虫尸体，地表上长出一根草样的真菌，虫草之名由此而来。

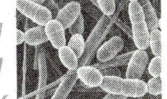

生命科学之用——生活的好帮手

◆冬虫夏草

◆冬虫夏草

"植物黄金"——杜仲

杜仲是中国著名的"国药",浑身是宝,现已被世界许多国家引种栽培,供药用和观赏。杜仲早在公元前200多年西汉《神农本草经》中就列为上品。明朝《本草纲目》和清朝《广群芳谱》等书中都有记述：杜仲初生嫩叶可食,谓绵芽花。实名逐折,亦堪入药。木作履,益脚气。

◆杜仲叶子

概述

杜仲又名丝连皮、扯丝皮、丝棉皮、玉丝皮、思仲等,在植物分类学上属杜仲科杜仲属。杜仲是我国特有树种,经济价值很高,资源稀少,被我国有关部门定为国家二级珍贵保护树种。杜仲是一种价格昂贵的中药材,

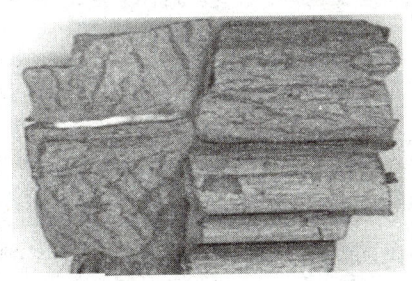

◆杜仲—药材

具有补肝肾、强筋骨、安胎、保胎、活血通络、降血压等功效。杜仲树一年种植,多年受益。根据研究发现,杜仲叶除具有杜仲皮的同药效外,还能提炼出杜仲胶,是各种电器和海底电缆的优质绝缘材料,还可用于整容接骨、补牙等,炼胶后的残渣可制鞋跟。

食用菌——香飘万里话香菇，真菌皇后之竹荪

◆香菇

科学家预言："食用菌之家"将是我们人类21世纪蛋白质的重要来源之一。而在这个家族里，最为人们所悉知的就是"菇香之王"的香菇和"真菌皇后"的竹荪了。

竹荪颜色绚丽多彩，风味独特诱人，营养成分丰富，而且还具有较高的药理功效，因此一举成为当今时代的理想保健珍品。在法国，人们赞誉它为"林中之王"；在巴西，人们根据它隽秀的身态叫它为"面妙女郎"；瑞士一位专门从事真菌研究几十年的专家高尔曼则称它为"真菌之花"；我国的劳动人民称之为"林中郡主"；而在俄罗斯，它更有一个美丽的名字——"真菌皇后"。

概述

香菇在食用菌中以其独特隽永、沁人心脾的香气而鹤立鸡群，倍受世界各地人民的青睐。现代科学研究表明，香菇不仅"香飘万里"，而且它不可替代的保健作用更是其他菌类所不及的。因此说，香菇不仅是一种"食物佳品"，而更是一种"保健佳品"。

◆防癌的香菇

生命科学之用——生活的好帮手

营养价值

香菇含有高蛋白质、低脂肪、多糖、多种氨基酸和多种维生素。

> 香菇是世界第二大食用菌，中国目前已是世界上香菇生产的第一大国。

药用功能

1. 提高机体免疫功能。
2. 延缓衰老。
3. 防癌抗癌。
4. 降血压、降血脂、降胆固醇。
5. 香菇还对糖尿病、肺结核、传染性肝炎、神经炎等起治疗作用，又可用于消化不良、便秘等。

香菇适宜的人群

一般人群均可食用。

1. 贫血者、抵抗力低下者、高血脂患者、高血压患者、动脉硬化患者、糖尿病患者、癌症患者、肾炎患者食用。
2. 脾胃寒湿气滞或皮肤瘙痒病患者忌食。

◆猪蹄丝瓜香菇汤

知识链接——蘑菇的营养价值

蘑菇营养丰富，味道鲜美。研究发现，蘑菇的营养价值仅次于牛奶。人们

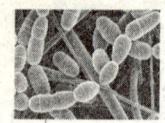

趣味生命科学图解

◆自然环境中的蘑菇

◆胡萝卜煮蘑菇

一般认为，只有肉类和豆类食品中才分别含有较高的动物蛋白和植物蛋白，其实蘑菇中的蛋白质含量也非常高。蘑菇含有多种维生素，因此蘑菇还有"维生素A宝库"之称。另外蘑菇还有以下五大"秘密武器"。

1. 抗氧化：蘑菇的抗氧化能力可以与一些色泽鲜艳的蔬菜媲美。

2. 替代主食：数据显示：如果人们每餐用100克蘑菇替代炒饭之类的主食，并且坚持一年，就算饮食结构不做任何变动，可以少摄入75.24万千焦（1.8万千卡）的热量，相当于2千克脂肪。

3. 83.6千焦（20千卡）：蘑菇里的营养有助心脏健康，并能提高免疫力。每餐蘑菇的热量大概只有83.6千焦（20千卡），比吃年糕之类的热量少多了。

4. 味道：蘑菇具有除了酸甜苦辣咸之外的第六种味道——鲜味。当它们与别的食物一起混合烹饪时，风味极佳，是很好的"美味补给"。

5. 维生素D：其他的新鲜蔬菜和水果都不含维生素D，蘑菇是个例外。并且，其中的维生素D含量非常丰富，有利于骨骼健康。

生命科学之用——生活的好帮手

"酸酸甜甜就是我"
——乳酸菌

初夏时节，酸乳受到消费者的狂热追求并非偶然，它的火爆代表了饮料行业的发展趋势，即由碳酸饮料、茶饮料、果汁饮料、运动饮料延伸至今天的乳饮料。与其他类饮料相比，乳饮料不仅清凉解渴，而且营养丰富，是新一代的健康饮品。乳饮料的核心就跟一种神秘的微生物——乳酸菌密切相关。

牛奶与乳酸菌

乳酸菌是一种存在于人类体内的益生菌。乳酸菌能将糖类发酵成乳酸，因而得名。乳酸菌能帮助消化，有助于人体肠脏的健康，在人体肠道内栖息着数百种的细菌，其数量超过百万亿个，乳酸菌的数目和种类会随年龄而改变，如幼儿肠道中，双歧杆菌较多，而老年人则以乳酸杆菌较多。因此，乳酸润菌常被视为健康食品而添加在酸奶之内。

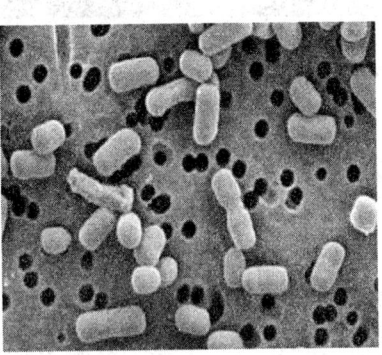

◆电子显微镜下的乳酸菌

乳酸菌的十大生理功能

1. 防治有色人种普遍患有的乳糖不耐症（喝鲜奶时出现的腹胀、腹泻等症状）。
2. 促进蛋白质、单糖及钙、镁等营养物质的吸收，产生维生素B族等大量有益物质。

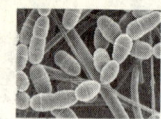

QUWEI SHENGMING
KEXUE TUJIE

趣味生命科学图解

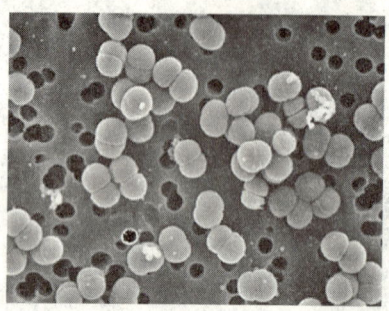

◆电镜下球状的乳酸菌

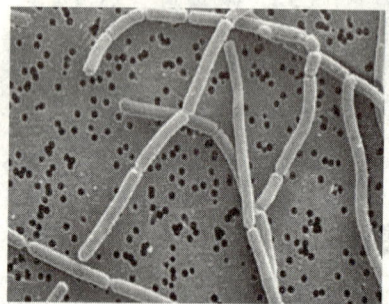

◆电镜下杆状的乳酸菌

3. 使肠道菌群的构成发生有益变化，改善人体胃肠道功能，恢复人体肠道内菌群平衡，成抗菌生物屏障，维护人体健康。

4. 抑制腐败菌的繁殖，消解腐败菌产生的毒素，清除肠道垃圾。

5. 抑制胆固醇吸收，降血脂、降血压作用。

6. 免疫调节作用，增强人体免疫力和抵抗力。

7. 抗肿瘤、预防癌症作用。

8. 提高 SOD 酶活力，消除人体自由基，具抗衰老、延年益寿作用。

9. 预防女性泌尿生殖系统细菌感染。

10. 控制人体内毒素水平，保护肝脏并增强肝脏的解毒、排毒功能。

知识链接——乳酸菌的其他用途

1. 泡菜中也含有乳酸菌。

四川省食品发酵工业研究设计院陈功教授提到："泡菜富含活性乳酸菌，可以调节肠道微生态平衡。"传统泡菜在发酵 24 小时后会产生亚硝酸盐，乳酸菌不仅可以把泡制时间缩短至 12 小时，自然也不会像传统泡菜那样产生大量亚硝酸盐，更有利于人体健康。

2. 用乳酸菌来瘦身。

具有耐酸性，经得住胃酸和胆汁的考验而直达肠道，并会产生大量维生素 B 族，从而达到平衡消化系统的目的，同时还可以改善机体自然防御功能，有助于缩短食品在胃里的滞留时间。消化好了，小肚腩当然就没有了。

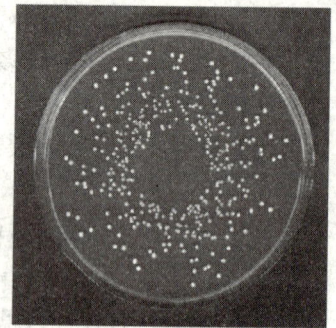

◆乳酸菌菌落

生命科学之用——生活的好帮手

深巷飘国窖，回味无穷中的秘密
——酵母菌

位于四川泸州的"天下第一窖"被誉为白酒中"浓香鼻祖"、"酒中泰斗"。泸州老窖特曲（大曲）是中国最古老的四大名酒，蝉联历届中国名酒称号。国窖1573经国家白酒专家组鉴定，具有"无色透明、窖香优雅、绵甜爽净、柔和协调、尾净香长、风格典型的特点"。"酒香不怕巷子深"，泸州老窖飘香的最大功臣就是酵母菌。

酵母菌是一种单细胞的真菌，日常生活中经常提到的酵母菌是酿酒酵母，也叫面包酵母，自从几千年前人类就用其发酵面包和酒类，在发酵面包和馒头的过程中，面团里会放出二氧化碳。

当下的食品行业应用酵母菌的还有啤酒酵母和茶酵母。

用于酿造啤酒的酵母，多为酿酒酵母的不同品种。茶酵母含有乌龙茶等减肥的有效成分，并且具有酵母的特性。现在啤酒酵母也是一种减肥的热销品，说明酵母本身对减肥都是有效的，而茶酵母的优越之处在于其融具了茶减肥与酵母减肥的特点，更健康，更有效，更安全。时下流行的啤儿茶爽正是融合了茶与啤酒的特点。

◆酿酒工人

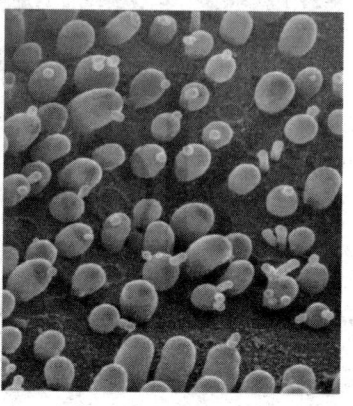
◆正在繁殖的酵母菌

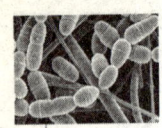

趣味生命科学图解

制醋巧手
——醋酸杆菌

醋是家家必备的调味品。烧鱼时放一点醋，可以除去腥味；有些菜加醋后，风味更加好，还能增进食欲，帮助消化。镇江香醋、山西陈醋，都是驰名中外的佳品。1856年，在法国立耳城的制酒作坊里，发生了淡酒在空气中自然变醋这一怪现象，法国微生物学家、化学家巴斯德，令人信服地证明酒变成醋是由于制醋巧手——醋酸杆菌辛勤劳动的结果。

◆醋酸杆菌

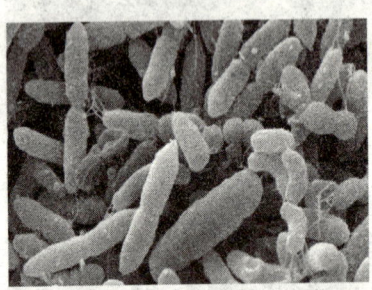

◆醋酸杆菌

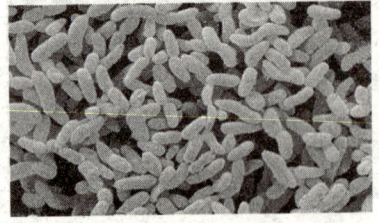

◆醋酸杆菌

一般制醋有三个过程：第一步，曲霉"博士"先把大米、小米或高粱等淀粉类原料变成葡萄糖；第二步由酵母菌把糖变成酒精。如果生产到这一步，人们就可以喝上美酒了。但是，由酒变醋，还得有第三步，这就要醋酸杆菌来完成。醋酸杆菌是一种好气性细菌，它们可以从空气中落到低浓度的酒桶里，在空气流通和保持一定温度的条件下，迅速生长繁殖，进行好气呼吸，使酒精氧化，就这样它们一面"喝酒"，一面把酒精变成了味香色美的酸醋。醋酸杆菌有个很大特点，就是对酒精的氧化不够彻底，往往只氧化到生成有机酸的阶段，所以有机酸便积累起来

生命科学之用——生活的好帮手

水底气源
——甲烷菌

在泥泞的沼泽或水草茂密的池塘里，生活着无数专爱"吹"气泡的小生命，它们就是甲烷菌，不断地产生着沼气。

甲烷菌是地球上最古老的生命体。在地球诞生初期，死寂而缺氧的环境造就了首批性情随和的"生灵"，它们不需要氧气便能呼吸，仅靠现成简单的碳酸盐、甲酸盐等物质维持生计。水底的甲烷菌具有生命实体——细胞，并开始自然繁殖，这就是生物的鼻祖——甲烷菌。时至今日，地球几经沧桑，甲烷菌却本性难移，仍保持着厌氧本色。当然，现代甲烷菌的"食物"来源更加广泛，杂草、树叶、秸秆、食堂里的残羹剩饭、动物粪尿、乃至垃圾等等，都是甲烷菌的美味佳肴。沼泽和水草茂密的池塘底部极为缺氧，甲烷菌躲在这里"饱餐"一顿之后，便舒心地呼出一口气来，这便是沼气泡。

◆建设中的沼气池

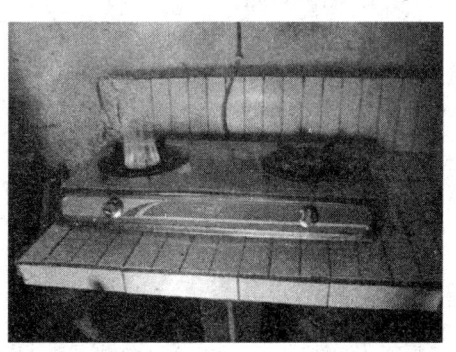
◆燃烧的沼气

沼气泡中充满沼气。沼气的主要成分是甲烷，另外还有氢气、一氧化碳、二氧化碳等。它是廉价的能源，用于点灯做饭，既清洁又方便；还可以代替汽油、柴油，是一种理想

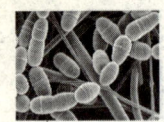

趣味生命科学图解

◆建设中的沼气池

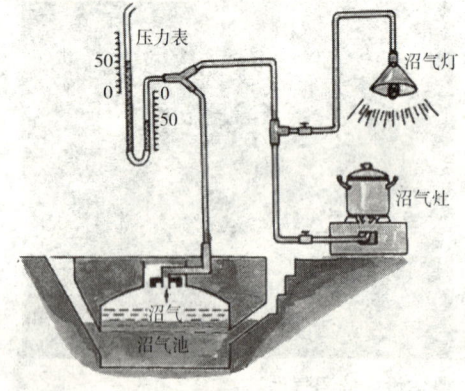

◆沼气池工作示意图

的气体燃料。

现在世界上大多数国家都在为燃料不足而发愁，开发利用新能源已成为世界性的紧迫问题。而小小微生物却能为人类分忧，在解决能源危机的问题上作出了自己的贡献。在国外，已有许多工厂使用沼气作燃料开动机器。我国也有不少地区特别是农村兴建了沼气池，人工培养微生物制取沼气。据估计，每立方米沼气池可以生产25080千焦（6000千卡）左右的热量，可供一个马力的内燃机工作24小时；供一盏相当于60～100瓦电灯亮度的沼气灯照明5～6小时，还可以建成沼气发电站把生物能变成电能。

我国农村不少地区已建起了许多小型沼气池，利用沼气做饭、照明，既解决了燃料困难，又减少了环境污染。

生物世界漫游

生命科学之用——生活的好帮手

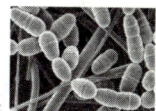
SHENGWU
SHIJIE MANYOU

微生物固氮工厂
——固氮菌

氮是植物生长不可缺少的元素，是合成蛋白质的主要来源。固氮菌擅长空中取氮，它们能把空气中植物无法吸收的氮气转化成氮肥，源源不断地供植物享用。固氮菌分为共生固氮菌和自生固氮菌两种类型。

共生固氮菌

根瘤菌生活在土壤中，以动植物残体为养料，过着"腐生生活"。当土壤中有相应的豆科植物生长时，根瘤菌迅速向它根部靠拢，从根毛弯曲处进入根部。豆科植物根部在根瘤菌的刺激下迅速分裂膨大，形成"瘤子"，为根瘤菌提供了理想的活动场所，还供应了丰富的养料，让根瘤菌生长繁殖。根瘤菌又会卖力地从空气中吸收氮气，为豆科植物制作"氮餐"，使其枝繁叶茂。这样，根瘤菌与豆科植物形成共生关系，因此根瘤菌也被称为

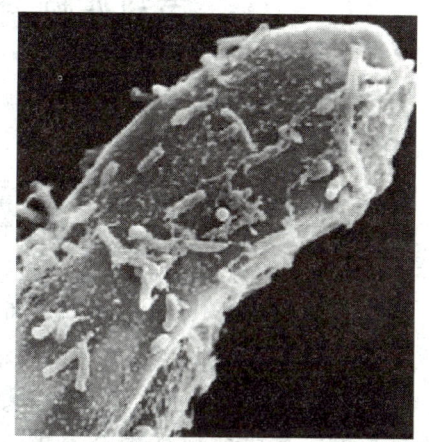
◆根毛表面的根瘤菌

共生固氮菌。根瘤菌生产出来的氮肥不仅满足豆科植物的需要，还可以分出一些帮助"远亲近邻"，储存一部分给"晚辈"，所以我国历来有种豆肥田的习惯。

趣味生命科学图解

自生固氮菌

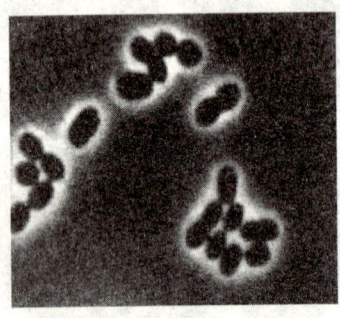

◆圆褐固氮菌（"8"字形）

还有一些固氮菌，如圆褐固氮菌，它们不住在植物体内，能自己从空气中吸收氮气，繁殖后代，死后将遗体"捐赠"给植物，让植物得到大量氮肥。这类固氮菌叫自生固氮菌。自生固氮菌大多是杆菌或短杆菌，单生或对生。经过两三天的培养，成对的菌体呈"8"字形排列，并且外面有一层厚厚的荚膜。

豆科作物固氮的基本过程

豆科作物根瘤菌的固氮方式属于共生固氮。根瘤菌是一种土壤细菌，其单独生存时并不进行固氮，当遇到豆科作物的根时，它们便通过根毛侵入到根的组织内部，在那里大量繁殖，使被侵染处膨大形成根瘤。根瘤菌侵入的初期，它与作物是寄生被寄生关系，待根瘤长成之后它与作物便成了共生关系。以大豆为例，其成熟植株中全氮的25%～66%来自共生固氮，同时植株又给根瘤菌提供除氮素外的其他营养，互惠互利。根瘤菌的种类很多，并对其所侵染的植物有专一性，例如豌豆根瘤菌只能在豌豆、蚕豆的根部形成根瘤；苜蓿根瘤菌则只能在紫花苜蓿等作物上形成根瘤。

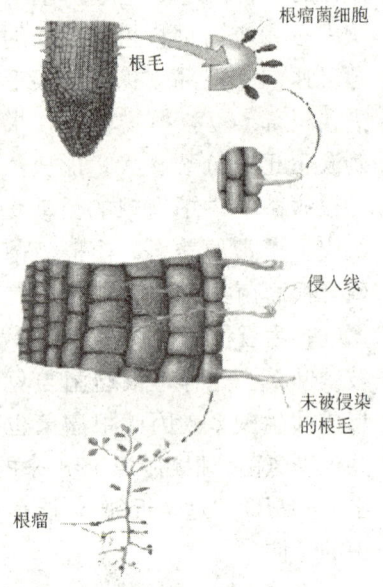

◆豆科作物固氮的基本过程

生命科学之用——生活的好帮手

未来的能源新秀
——细菌发电

一提起发电,你肯定会联想到水力、风力、火力、核能和太阳能什么的,可怎么也想不到,作为微生物的细菌也能发电。

英国植物学家马克·皮特在1910年首先发现有几种细菌的培养液能够产生电流。于是他以铂作电极,放进大肠杆菌或普通酵母菌的培养液里,成功地制造出世界上第一个细菌电池。

利用这种细菌发电原理,还可以建立细菌发电站。计算表明,一个功率为1000千瓦的细菌发电站,仅需要1000立方米体积的细菌培养液,每小时消耗200千克糖即可维持其运转发电。而这种电站是一种不污染环境的"绿色"电站,其运转产生的废物基本上是二氧化碳和水。

细菌发电颇具前景,但由于其需要消耗大量的糖,因此增加了发电成本。不过细菌发电所用的糖完全可以用诸如锯末、秸秆、落叶等有机废物的水解物来替代,也可以利用分解化学工业废物来发电。

此外,独具一格的各种细菌电池也相继问世。有人设计出一种综合细菌电池,即由电池里的单细胞藻类,首先利用太阳能将二

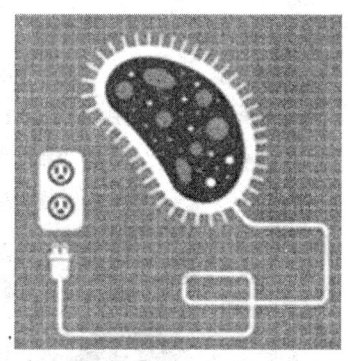
◆能发电的细菌示意图

◆细菌发电

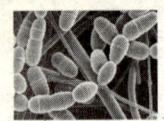

趣味生命科学图解

氧化碳和水转化为糖，再让细菌自给自足地利用这些糖来发电。

日本研制成的细菌电池则是将两种细菌放入电池的特制糖浆中，让一种细菌吞食糖浆产生醋酸和有机酸，而让另一种细菌将这些酸类转化成氢气，由氢气进入磷酸燃料电池发电。

试验者惊奇地发现，细菌还具有捕捉太阳能并把它直接转化成电能的"特异功能"。最近，美国加利福尼亚大学和美国国家航空航天局的科学家们，在死海和大盐湖里找到一种嗜盐杆菌。它们含有一种紫色素，在其把所接受的大约10％的阳光转化成化学能时即可产生电荷。科学家们已利用它们制成了一个小型实验性太阳能细菌电池，这种电池可产生出几分之一伏特的电。

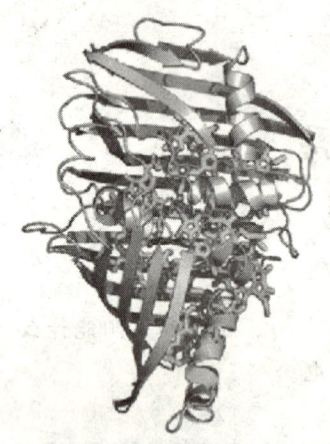

◆发电细菌与发电有关的物质结构图

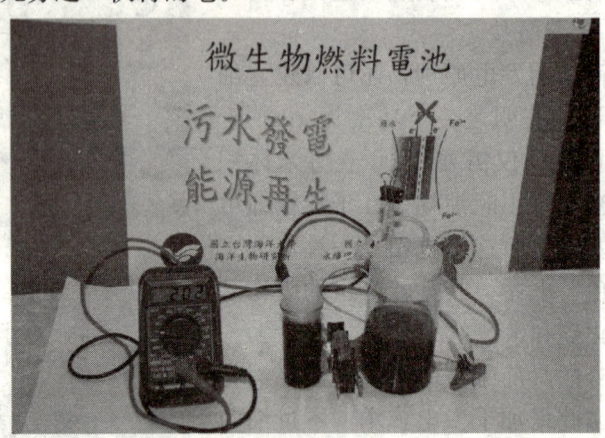

◆微生物燃料电池

生命科学之用——生活的好帮手

点石为金——细菌冶金

一提到细菌，人们往往会想到那些危害人类健康的细菌，如霍乱菌、结核菌等，然而并不是所有的细菌都是坏东西，有不少细菌还是人类的好朋友呢！如酵母菌能为我们酿出美味的葡萄酒，能发酵做出松软的大馒头。有的细菌能将石油变为蛋白质，将空气变为氮肥，真有"点石为金，变废为宝"的神通呢！由于细菌具有这种特殊的功能，它已成为人类用来战胜疾病、征服自然的工具，人们还利用细菌"吃"金属的本领，开创了从矿石中提取金属的新技术。体积小到肉眼看不见的细菌，竟能大规模地从矿石中采集出各种有用金属，这不能不令人惊叹不已。

能"吃"铁的细菌最早发现于1905年，德国德里斯顿的大量自来水管被阻塞了，拆修时发现管内沉积了大量铁末。科学家在显微镜下从铁末中找到了一种微小的细菌，这种细菌能分解铁化合物，并把分解出来的铁质"吃下去"。这些"贪吃"的细菌因"暴食"而死，铁木沉积在管内。铁细菌能把水中溶解的亚铁氧化成高铁形式，沉积于菌体内或菌体周围，铁细菌常在水管内壁附着生长，形成结瘤，所以它们不仅能造成机械堵

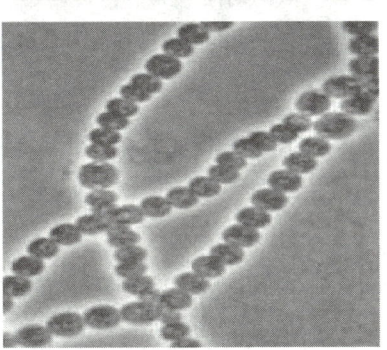

◆一种重要的浸矿微生物——氧化亚铁硫杆菌

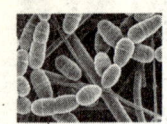

QUWEI SHENGMING
KEXUE TUJIE

趣味生命科学图解

◆在微生物作用下，球状铁氧化物最终转化成六角片状的绿锈结构

塞，而且还能形成氧差电池腐蚀管道，并出现"红水"，恶化水质。

能"吃"铁的细菌的发现，引起了各国冶金学家的极大兴趣。它们设想在矿山大量繁殖能"吃"金属的细菌，通过细菌直接来提炼各种金属，这样就比从矿石中冶炼金属方便多了。于是一门新兴的技术——细菌冶金便产生了。

由于细菌冶金可以充分利用资源和废物，能耗少、环境污染轻，是事半功倍、高效的采矿冶金方法。因此，人们称它们为"绿色冶金"，细菌冶金终将成为冶金工业中一支重要的生力军。

细菌冶金中几种主要细菌特征

特 征	菌 名			
	氧化硫硫杆菌	蚀固硫杆菌	氧化亚铁硫杆菌	氧化硫亚铁杆菌
细菌大小（μm）	0.5×1.0	$0.5\times(1.5\sim2)$	0.5×1.0	$0.5\times(1\sim1.5)$
运动性	+	+	+	+
鞭毛	单鞭毛	端生鞭毛	端生鞭毛	端生鞭毛
革兰氏染色	—	—	—	—
最适温度	28℃～30℃	28℃	30℃	32℃
最适 pH	2～3.5	6	2.5～5.3	2.9
需氧情况	+	+	+	+
利用 CO_2				
利用 NH_4^+、NO_3^-	+	+	+	+
利用硫磺	+	+	+	+
利用亚铁	—	—	—	—
利用硫代硫酸盐	+	+	+	+

生命科学之剑

——工欲善其事，必先利其器

人类想了解生命科学的内在联系，揭开生命的世界之谜，必须首先要懂得通过何种方法去认识它、解剖它，掌握其规律。如破解人类基因组密码、蛋白质等生物大分子分离、制备、剖析和鉴定。

古人云：工欲善其事，必先利其器。让我们一起认识基因剪切、链接、运输、复制等生命科学工具吧。

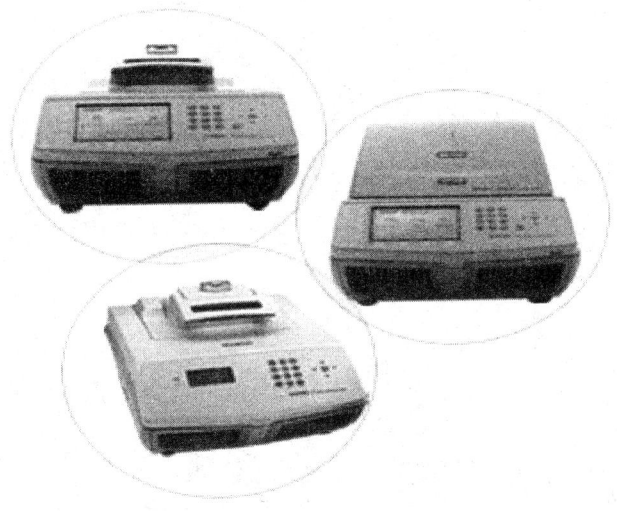

◆酶标仪

生命科学之剑——工欲善其事，必先利其器

分子生物家的手术刀
——限制性内切酶

刀是人们生活中用于切割物品的工具。从用途上看，有砍大树的斧刀、割小麦的镰刀、打仗用的刺刀、剁排骨的砍刀、削铅笔的竖刀、医生用的手术刀等。从质地上看，有石刀、铁刀、钢刀、玻璃刀等。这些刀都是由人制造和控制使用的刀，看得见，摸得着，它们对于基因工程来说是派不上用场的。自然界中有没有适于基因工程的微型刀呢？

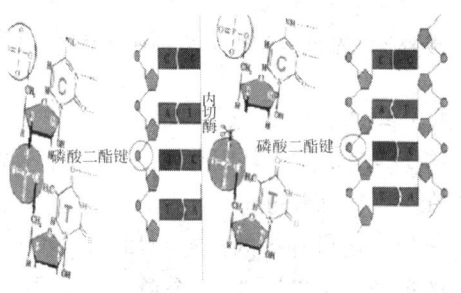

◆限制性内切酶

基因工程，就是按照人的意愿对基因进行改造与施工。要操纵基因，首先应得到它。基因存在于DNA上，要想从细得连显微镜也看不到的DNA分子上拿下一个个基因，用普通的刀，哪怕是眼科手术刀，也无济于事。生物学家们靠智慧的大脑和自己的双手创造了许

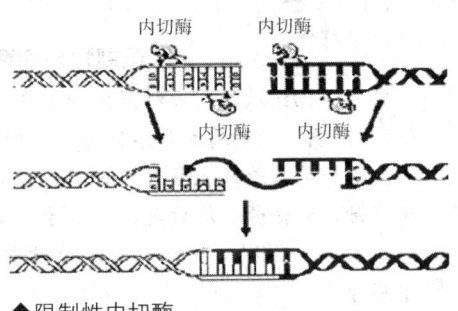

◆限制性内切酶

许多多的奇迹，可无论他们的手有多灵巧，也不可能做到直接对基因进行切割。就在科学家们面对DNA束手无策的时候，1960年，瑞士科学家沃纳在微生物体内发现了一种神奇的"刀"，小得连显微镜也看不见。大自然有"眼"，将世界上最小的"刀"送到科学家们手中。

这种"刀"实际是由一些菌产生的一类酶，科学家们给它们起名叫

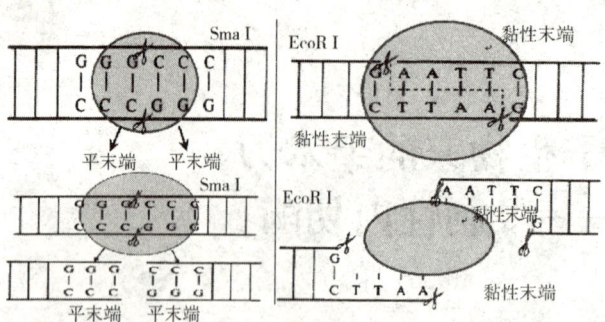

◆限制性内切酶切割DNA的两种方式

"限制性内切酶",它们属于蛋白质分子,专门用于切割DNA大分子,又快又准,功能特异,好像长了"眼睛"似的,能准确识别DNA大分子上的特定碱基顺序,在特定部位把DNA切断,绝不会错切一刀。借助这种"分子手术刀",科学家们就可以准确地将DNA切割成基因片断了。现在已发现许多种限制性内切酶,它们分别在DNA的不同部位切割,切割的方式有两种:有的像我们用菜刀切韭菜一样,切口齐齐的;有的却形成凹凸不平的末端,上下各露出含几个碱基的单链"尾巴",这两个单链"尾巴"的核苷酸顺序正好互补,人们给这样的单链"尾巴"起了一个形象的名字叫"黏性末端"。

拓展思考

限制性内切酶名字的由来

现在已经从约300种微生物中分离出了约4000种限制性内切酶(限制酶)。限制性内切酶的命名遵循一定的原则,主要依据来源来定,涉及宿主的种名、菌株号或生物型。命名时,依次取宿主属名第一字母,种名头两个字母,菌株号,然后再加上序号(罗马字)。

例1:Sma I,Sma指来源于黏质沙雷杆菌(Serratia marcesens),I表示序号。

例2:EcoR I 限制性内切酶,EcoR指来源于大肠埃希菌(Escherichia coli R),I表示序号。

动动脑子

流感嗜血杆菌的d菌株(Haemophilus influenzae d)中先后分离到3种限制酶,则分别命名为:

提示:Hind I、Hind II 和 Hind III。

生命科学之剑——工欲善其事，必先利其器

基因运载工具
——运载体

大街上形形色色的车辆川流不息，汽车作为现代化的运输工具，使各种货物可以在短时间内准确抵达目的地。生物体细胞内的遗传物质都有自己交往的圈子，比如染色体基因，它们存在于细胞核中，在那里完成复制和转录。它们还巧设机制，保护自己不受外来遗传物质的干扰和污染。可是现在人们要搞基因工程，要求基因们走出现有的活动圈子，交更多的朋友，比如说把高等动物基因掺入到亲缘关系很远的微生物DNA中。这可不是件轻而易举的事，需要寻找一种特殊的运载工具。这种运载工具不仅能够载着适当大小的特定基因（即外源基因，有时叫目的基因）顺利地进入细胞，而且能很好地保护基因不致于受到伤害，使基因仍具有应有的活力。

◆汽车火车等运输工具

作为运载体的物质必须具备的条件

要将一个外源基因如上面所说的抗虫基因，送入受体细胞如棉细胞，还需要有运输工具，这就是运载体。作为运载体的物质必须具备以下

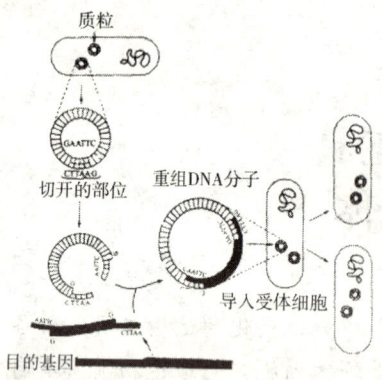

◆质粒在基因工程的作用示意图

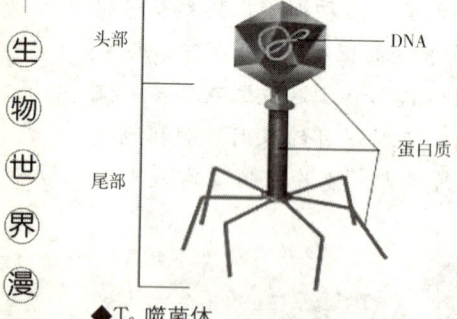

◆T₂噬菌体

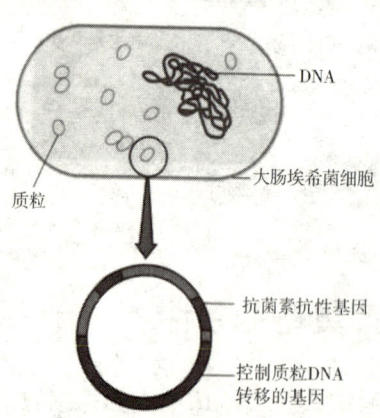

◆大肠埃希菌中的质粒

条件：

1. 都能独立自主的复制，能够在宿主细胞中复制并稳定地保存；

2. 能"友好"地"借居"在宿主细胞中，能容易进入宿主细胞中去，也易从宿主细胞中分离纯化出来；

3. 比较容易得到，具有某些标记基因，便于进行筛选。

运载体的类型

目前，符合上述条件并经常使用的运载体有质粒、噬菌体和动植物病毒等。

科学家们发现，一般的DNA是线型的，它们总是存在于细胞核中，但在大肠埃希菌等原核生物的细胞中，存在环状的DNA，它们个头很小，没有头尾，很像小孩们玩的跳圈，人们把它们叫做"质粒"。质粒的大小只有细菌DNA分子的百分之一那么大（如左图）。以前人们并不知道质粒是干什么的，以为它是吃"闲饭"的，因为质粒对于细菌的正常生活来说并不是必不可少的，有它细菌可以生活，没有它也可以生活。后来人们发现，质粒功能很特殊，由于体型较小，可以自由出入细胞；它虽然不存在于染色体上，但也能稳定传递给子代。质粒的这些特点，不正是作为基因载体所需要的吗！

生命科学之剑——工欲善其事，必先利其器

运载体的工作原理

　　为了把外源基因装到质粒上，科学家们先用限制性内切酶把质粒的环切开，然后把外源基因接到环上。外源基因这种特殊"货物"被装上"车"后，再被送入大肠埃希菌体内。大肠埃希菌到底是生物界中很低等的生物，对人们实施的鱼目混珠术竟然毫无察觉！大肠埃希菌重复地分裂，仅 2～3 小时，一个菌体就可繁殖到 100 万个。与此同时，外源基因也被复制 100 万次。如果在外源基因前面加上一段特殊 DNA 序列作为翻译蛋白质的启动装置，细菌就会把外源基因翻译成人们所需要的蛋白质。看来，借助质粒进行的基因运载过程是成功的，外源基因不仅可以到达目的地，而且还保持正常功能。

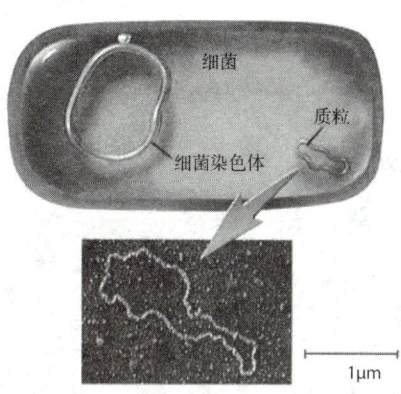

◆大肠埃希菌中的质粒

世上无难事，只怕有心人

　　通过上面的介绍，我们已经知道，科学家们手中已经有了世界上最小的"刀"——限制性内切酶，它们可以切割 DNA、将 DNA 片段再连接起来的"缝合针"，还有运载基因的工具——质粒，靠着这两个得力的工具，基因可以掺入大肠埃希菌体。这样的大肠埃希菌可以长期保存起来，什么时候想用它了，就实行大量人工繁殖。

趣味生命科学图解

基因的"复制机"
——PCR扩增仪

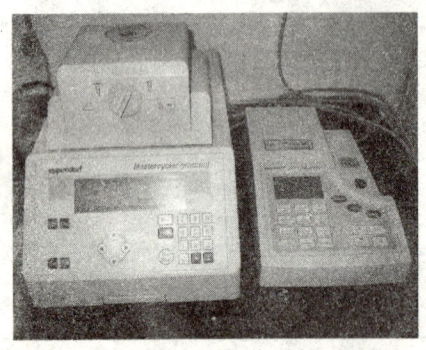

◆PCR仪

使用过复印机的人都知道，只要你愿意，一份材料可以复印出无限份。生物在细胞分裂过程中，伴随着细胞的"复制"，必然有基因的复制。基因复制是一个非常重要的生命过程，没有复制，就没有生命的繁殖。DNA是肉眼看不到的分子，基因又是DNA上的一个片断，如果只研究一个基因，那难度可想而知。如果有一台复印基因的"复印机"，我们把它成千上万地复制扩增了，那么研究起来可就方便多了。如果在你面前有一台机器，正在源源不断地复制着同一个基因，你会觉得惊奇吗？

PCR仪威力这么大，它是怎么工作的呢？

PCR技术其实说起来很简单，就是利用DNA作模板，在核苷酸存在下按照碱基配对原则进行DNA互补链的合成。妙就妙在形成DNA双螺旋的合成酶是一种抗高温酶。在正常温度下，合成的DNA为双链，当给反应液加温时，DNA双螺旋解开，成为两条单链。降低到合适温度，这两条单链都可以作为模板，严格按照碱基配对的原则合成互补链，成为新生的DNA分子。在这个过程当中，由于模板增加了1倍，工作效率就提高了1倍。再升高温度，使双链打开，模板又增加1倍，变

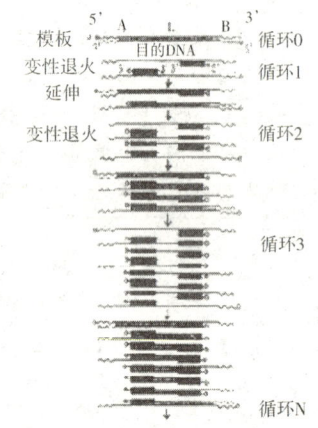

◆基因扩增PCR基本原理示意图

生命科学之剑——工欲善其事，必先利其器

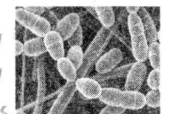

成了 4 个。工作效率呢，当然再翻一番。就这样，PCR 仪只要严格控制温度的交替变化，就会源源不断地生产出大量整齐一致的复制品。和工厂里的产品不同的是，每次基因复制的产物既是产品，又是生产下批产品的模板，永远是新生的以旧的为参照。因此，最后的产品是那样整齐划一，没有一点儿副产物。

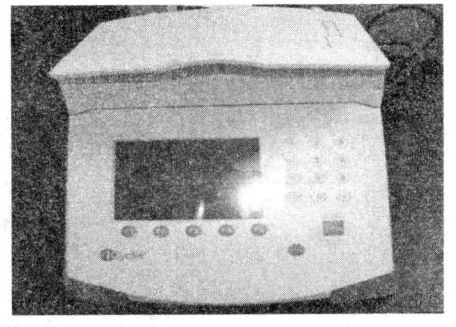

◆PCR 扩增仪

值得注意的是，原有的单股 DNA 链是以几何级数递增的，也就是 2，4，8，16，32，64……用不了半天时间。

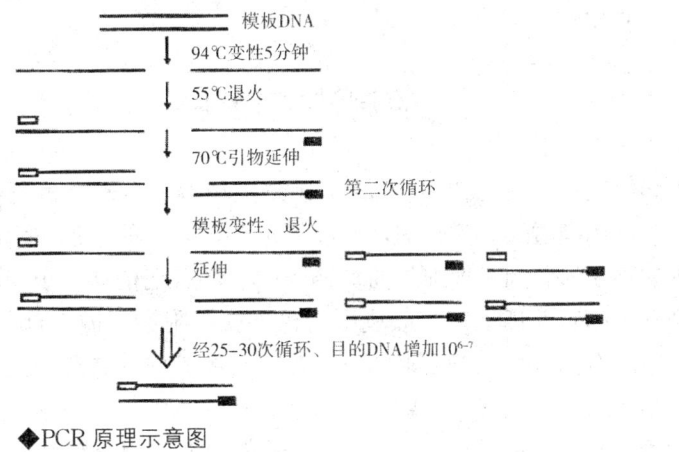

◆PCR 原理示意图

趣味生命科学图解

揭开生命奥秘的重要仪器
——色谱仪

提到色谱仪,对那些不从事化学工作人来说可能还有些陌生,但是"色谱"一词的出现已经有近100年的历史了,而且从现代科学技术意义上说的商品色谱仪的使用也有近半个世纪了。色谱方法和色谱仪科学技术的发展,为国民经济的增长,为人民的健康长寿,特别是为揭开生命奥秘作出了卓越的贡献。

色谱法的诞生

俄国植物学家茨维特于1903年在波兰华沙大学研究植物叶子的组成时,巧妙地用碳酸钙作吸附剂,分离植物干燥叶子的石油醚萃取物,把干燥的碳酸钙粉末装到一根细长的玻璃管中,然后把植物叶子的石油醚萃取液倒到管中的碳酸钙上,萃取液中的色素就吸附在管内上部的碳酸钙里,再用纯净的石油醚洗脱被吸附的色素,于是在管内的碳酸钙上形成绿、黄等三种颜色的六个色带,分离了叶绿素、叶黄素和胡萝卜素。当时茨维特把这种色带叫作"色谱",茨维特把他开创的方法叫色谱法,或者后来人

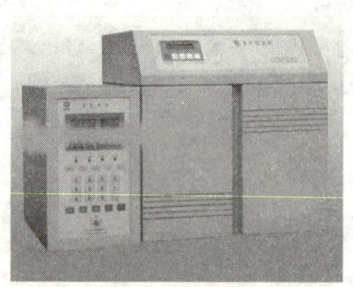

◆高效毛细管电泳色谱仪

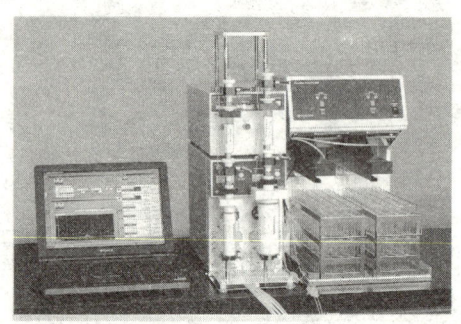

◆双通道中低压制备色谱

生命科学之剑——工欲善其事，必先利其器

们把这一方法叫做液－固色谱法。在这一方法中把玻璃管叫作"色谱柱"，碳酸钙叫作"固定相"，纯净的石油醚叫作"流动相"。这是利用色谱方法探究生命现象的启蒙和开端。

色谱法的再发现

在茨维特提出色谱概念后的20多年里，没有人关注这一伟大的发明。直到1931年德国的库恩等才重复了茨维特的某些实验，用氧化铝和碳酸钙分离了α-，β-，和γ-胡萝卜素，此后用这种方法分离了60多种这类色素。1938年，他从维生素B族中分离出维生素B_6。由于他的出色研究，他获得了1938年的诺贝尔化学奖。这是利用色谱方法探究生命现象、了解生物体构成的初步尝试。接下来在20世纪40年代到50年代初，英国的生物化学家马丁等在研究生物体重要组成脂肪酸和脂肪胺时开创了以气体作流动相以液体做固定相的气－液色谱法，因而获得了1952年的诺贝尔化学奖。1958年美国生物化学家斯坦和穆尔研制出氨基酸分析仪，用它确定了核糖核酸酶的分子结构，后来氨基酸分析仪成为研究蛋白质和酶结构的重要工具，斯坦和穆尔因此而获得了1972年的诺贝尔化学奖。

从上面的几件历史事件可以看出，色谱分离方法和色谱仪是为揭开生命奥秘而出现的。20世纪末人类基因组计划的提前

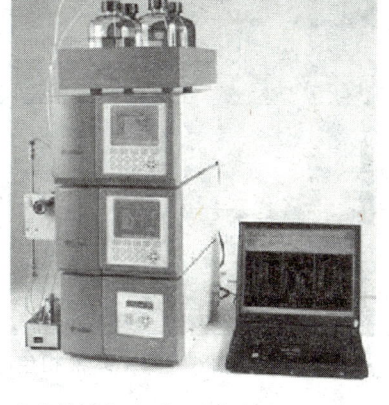
◆高效液相色谱

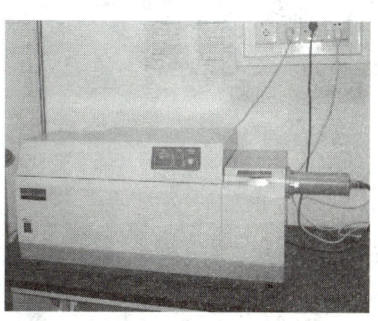
◆圆二色谱仪

◆毛细管电泳仪

趣味生命科学图解

完成和21世纪初蛋白质组学的大力开展，色谱方法和色谱仪又作出了令人鼓舞的贡献。

色谱法的发展

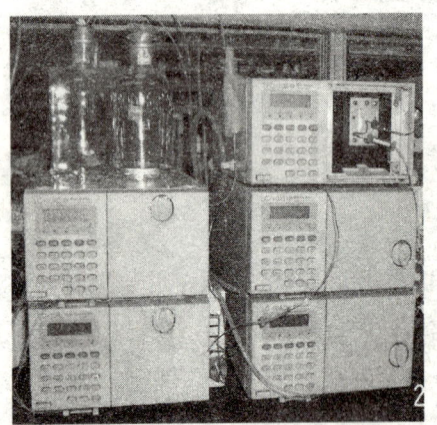

◆高效液相色谱法岛津10A液相色谱仪

2001年2月12日，中、美、日、德、法、英6国科学家和美国塞莱拉公司联合公布人类基因组图谱及初步分析结果。这一计划所以能够提前完成，其主要原因之一就是使用了高通量的阵列毛细管电泳仪，这一仪器也是一种属于色谱仪范畴的仪器。

在蛋白质组的分析中有望用高效液相色谱作预分离，即使用双向HPLC，第一向是体积排阻色谱。所以双向电泳和高效液相色谱将成为蛋白质组学的重要分离工具。所以色谱仪将为深入地揭示生命奥秘作出更大的贡献。

生命科学之奇

——现实中的神话

如果你自己经营一个公司,在招募职员时给应聘者做基因评估,其中一位应聘者的控制自私/冷漠行为的基因水平很高,也就是说他可能比一般人更自私,更不适合团队工作,你还会考虑雇佣他么?

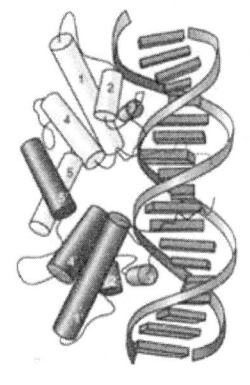

你还记得卷首语的两个故事吗?以上这些情形未必是遥遥无期的科学幻想,事实上正在悄然发生。以酶工程、细胞工程、发酵工程、基因工程、蛋白质工程为主体的生命科学高科技技术,已被当今世界作为科技活动和发展社会经济极为活跃和最有前途的高技术之一,这些技术直接地切入生命的奥秘之中,揭示着生命科学中许多本质性的生命规律。

生命科学之奇——现实中的神话

生物工程界的魔术师
——酶工程

"大宝天天见",这一句话,大家都耳熟能详了吧!

大宝护肤霜中含有一种重要成分——SOD,全名叫超氧化物歧化酶,被广泛用于食品、饮料、牙膏和化妆品中,它能去除人体内的垃圾——超氧化物,使人延缓衰老,保持青春活力。

加酶洗衣粉,就是在洗衣粉中添加了多种酶制剂,从而大大增强了去污能力,能把衣物洗得洁净如新。

多酶片,它所含的多种酶会增加人的消化能力,专治积食、消化不良。

酶工程定义

所谓酶工程,可以分为两部分。一部分是如何生产酶,一部分是如何应用酶。用微生物来生产酶,是酶工程的半壁江山。最明显的例子是α-淀粉酶的生产。最初是从猪的胰脏里提取α-淀粉酶的,这种酶在将淀粉转化为葡萄糖的过程中是一个主角。随着酶工程的进展,人们开始用一种芽孢杆菌来生产α-淀粉酶。从1立方米的芽孢杆菌培养液里获取的α-淀粉酶,相当于几千头猪的胰脏的含量。

以上例举的是酶工程在日常生活中应用的实例,而对于整个酶工程来说,这仅是酶工程大海中的沧海之一粟,只是简单的应用而已,在更深的层次上,酶的应用更为丰富多彩,更能体现酶工程的无穷魅力。

酶号称是生物工程界的魔术师,生命在它的指挥下,协调地演奏起一章章如诗如画的生命交响曲来,世界因此而变得生机勃勃、色彩斑斓。

> 酶有两大特点是引人注目的。
> 一是高效。所谓高效,是指酶的催化能力很强大。
> 二是专一。所谓专一,形象一点的说法就是"一把钥匙开一把锁"、"一个萝卜填一个坑"。

酶的特点

20世纪20年代，美国科学家萨姆纳从刀豆中提取出一种结晶形的新物质，弄清了酶就是蛋白质，为此他获得诺贝尔化学奖。从此，人们才逐步认清"庐山真面目"，才意识到酶的重要作用，现代微生物酶技术才真正起步。到现在为止，人类已经完全能确定其成分和功能的酶有3000多种。

酶的高效性

酶的催化能力要比化学催化剂高出10^7~10^{13}倍。就拿纤维素的分解来说，用5％的硫酸，在4~5个大气压、100多℃的条件下，四五个小时只能使纤维稍稍松动。而一旦纤维素酶出场，而且只是那么一点点纤维素酶，在常压、40℃的条件下，四五小时可以使50％的纤维素分解成葡萄糖。这几乎就是牛胃里发生的反应，只不过容器换了一下。

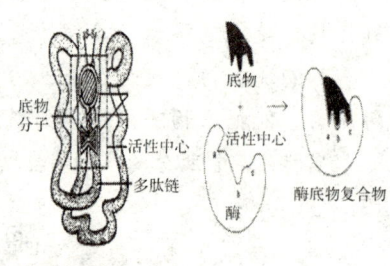
◆酶活性中心

酶的专一性

◆酶的专一性如钥匙与锁的关系

所谓专一，是指一种酶只能作用于具有一定结构的物质。形象一点的说法就是"一把钥匙开一把锁"、"一个萝卜填一个坑"。纤维素酶只能把纤维素分解成葡萄糖，碰到蛋白质、淀粉、脂肪之类，它是无动于衷的。同样，鹰胃里的胃蛋白酶只对蛋白质"情有独钟"，对纤维和其他有机物分子就毫无办法了。鹰胃里除了主力军胃蛋白酶之外，还有淀粉酶、纤维素酶、脂肪酶等许多酶；牛胃里除了主力军纤维素酶之外，也还有胃蛋白酶、淀粉酶、脂肪酶等许多酶。这些酶分工明确，各司其职，专找特定的对象"开刀"。

生命科学之奇——现实中的神话

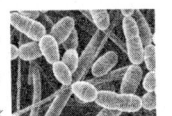

去污能手
——加酶洗衣粉

大家都还记得立白洗衣粉的广告吧:"用了立白洗衣粉,天天都穿新衣服!"为什么洗衣粉的功能这么强大?原来跟洗衣粉里的酶有关!

上节讲到酶是活细胞产生的一类具有生物催化作用的有机物。绝大部分酶的化学成分是蛋白质,少部分酶是RNA。细胞内几乎所有化学反应都是在酶的催化下进行的。

加酶洗衣粉中酶有哪些种类呢?

目前在加酶洗衣粉中使用的共有4种:蛋白酶、脂肪酶、淀粉酶、纤维素酶。它们对污垢有着特殊的去污能力,并且具有在洗衣粉配方中所占成分较少而洗涤效果提高很大的特性。

加酶洗衣粉的使用

使用加酶洗衣粉时应将衣物在加酶洗衣粉的水溶液中预浸一段时间,按正常方法洗涤衣物。加酶洗衣粉的pH值一般不大于10,在水温45℃~60℃时,能充分发挥洗涤作用。加酶洗衣粉很适合洗涤衬衣、被单、床单等大件物品,不适合洗涤丝毛织物,因为酶能破坏丝毛纤维,一旦不留心用加酶洗衣粉洗涤丝毛蛋白质类织物,应赶快冲洗晾干。

趣味生命科学图解

1. 洗衣粉为什么能够很好地除去衣物上的奶渍和血渍？
2. 要除去衣服上残留的脂肪，与洗衣粉中哪种酶成分有关？
3. 找到一包洗衣粉，看看背后的说明，洗衣服的时候，有哪些注意事项呢？
4. 加酶洗衣粉适合洗涤毛织物吗？
5. 你探究过加酶洗衣粉的最佳洗涤效果的温度吗？

生命科学之奇——现实中的神话

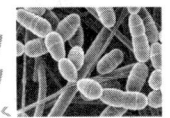

SHENGWU
SHIJIE MANYOU

木乃伊归来，一切皆有可能
——细胞工程与克隆

当你参观埃及金字塔的时候，有一位导游向游人介绍"我是古埃及王子，今年已经3000多岁了"。请不要以为这是天方夜谭，这可是一群科学家筹划了许久的事，也许在不久的将来真会发生。要使古埃及王子复活，需要应用细胞工程中的细胞核移植技术。

万花筒　什么叫细胞工程？

细胞工程是指应用细胞生物学和分子生物学的原理和方法，通过细胞水平或细胞器水平上的操作，按照人们的意愿来改变细胞内的遗传物质或获得细胞产品的一门综合科学技术。

埃及科学家发现，从金字塔发掘出来的木乃伊身上，某些细胞仍然有生命力。这个发现使得从事细胞核移植研究的人们大感兴趣，跃跃欲试。他们认为，把这具木乃伊的一个有生命力细胞的细胞核，移植到取自某位现代妇女的一个去掉核的卵细胞中，然后再把这个卵细胞送回那位妇女的子宫，经过十月怀胎，分娩出的婴孩就应携带着那位古埃及王子的全部遗传信息。古埃及王子就将前来领略现代风光了。这可真是一个大胆、新奇而美丽的设想，究竟会不会变为现实呢？让我们拭目以待。

◆木乃伊

生物世界漫游

趣味生命科学图解

克隆

《西游记》中时常有这样的描述：孙悟空从头上拔下一根毫毛，用嘴一吹，说声"变"，就能变出许多同它一模一样的孙悟空出来。有人认为这是世界上关于克隆的最早设想，我们现在抛开孙悟空是否能够复制这个问题不谈，来看看生物科学中的复制现象吧。现代科学证明，生物的一块组织、一个细胞乃至一个基因，都能实现自我的复制。

克隆羊多利的诞生过程

一只名叫"多利"的羊羔的叫声响遍全球。这只不同凡响的小羊是由英国爱丁堡大学罗斯林学院的胚胎学家伊恩·威尔马特领导的科研小组从一只成年绵羊的乳腺细胞克隆出来的。

首先，威尔马特和他的同事们从一只白色妊娠绵羊的乳腺刮下若干个膜细胞，处于休眠状态的乳房细胞的基因极易与卵细胞结合。然后，科学家从形体较小的苏格兰黑面羊摘取卵细胞，通过手术去除其细胞核（DNA的载体）。威尔马特及其研究小组把白羊的乳腺细胞放入黑羊的已去除细胞核的卵细胞中，以一种弗兰肯斯坦（Frankensfein）式的技巧，用电脉冲使这些细胞的膜不仅结合在一起，而且两个细胞即刻合二为

◆七十二变的孙悟空

◆克隆之父与克隆羊多利

生命科学之奇——现实中的神话

一。再者,利用标准的人工繁殖技术,将如此合成的卵细胞植入一只黑面母羊体内。4个月之后,这只举世震惊的小羊羔诞生了。人们发现它的颜色是白的,这暗示它与黑面母羊——它的生身之母不属于同一个品种。他们用几个月的时间进行了DNA测试,最终证实,多利确实是一个生物学复制品(biological copy)。

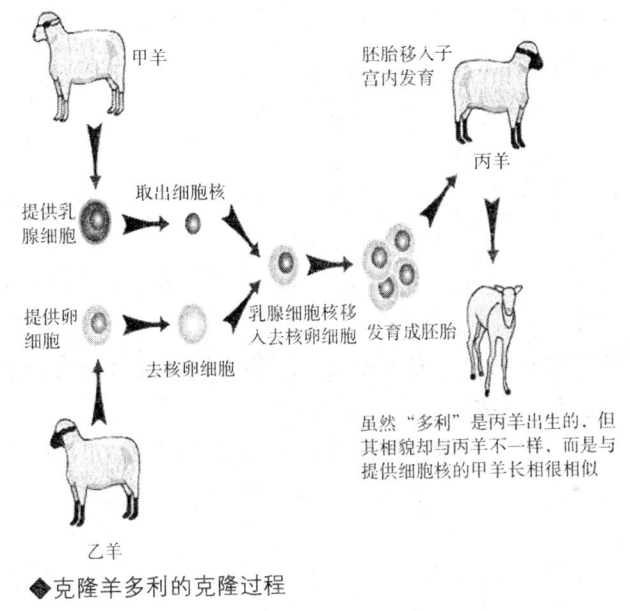

▶克隆羊多利的克隆过程

人能复制吗？——观点PK台

克隆可以造福人类,但如今为什么克隆人是不被容许的呢?倘使你是足球迷,你肯定盼望世上再多一个罗纳尔多;倘使你是音乐爱好者,你会乐意再拥有一个贝多芬;再有一个爱迪生、爱因斯坦也是许多人所梦想的。今天,当人类怀着忐忑不安的心情关注、等待着这一事件最新进展的时候,我们采撷了不同领域的部分权威专家关于"要不要克隆人"的针锋相对的

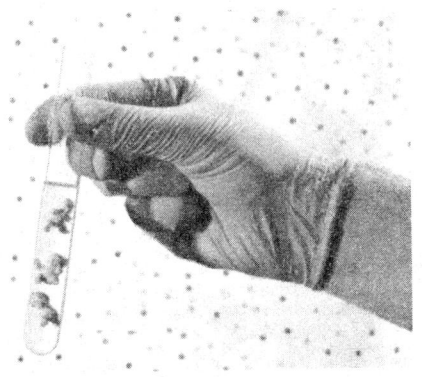

▶克隆人实验模拟图

观点。

【反对克隆人的观点】

1. 克隆技术现在还不成熟，克隆人可能有很多先天性生理缺陷。

2. 克隆人的身份难以认定，他们与被克隆者之间的关系无法纳入现有的伦理体系。

3. 人类繁殖后代的过程不再需要两性共同参与，将对现有的社会关系、家庭结构造成难以承受的巨大冲击。

4. 克隆技术有可能被滥用，成为恐怖分子的工具。

【支持克隆人的观点】

1. "不让我们克隆人，就是不让我们修正我们的错误，人类历史难道能够这样构造吗？"——《纽约时报书评》

2. "当然应该'克隆'人，如果谁第一个掌握了这个技术，他就是我真正的、也是唯一的竞争对手。"——比尔·盖茨

3. "克隆人绝对是科学上了不起的进步，克隆技术必将创造21世纪的辉煌。"——麻省理工学院生命工程教授约翰·布洛克

4. "人体商业化是人类经济活动中无与伦比的成就，毫无疑问，克隆技术的出现将为世人创造一个最为广泛和深远的市场。"——英国《经济学家》杂志。

生命科学之奇——现实中的神话

SHENGWU
SHIJIE MANYOU

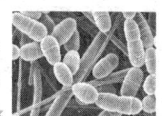

梦幻之畜
——转基因动物

美国科学家培育出一种转基因鼠，它们大脑中可以产生更多的刺激神经纤维生长的蛋白质，具有较强的学习能力。在迷宫实验中，转基因鼠觅食本领比普通鼠要高许多，同时对迷宫中食物存放地点的记忆更清楚。通过转基因鼠的培育，科学家进一步认识到神经生长在促进大脑功能方面的重要性。转基因鼠培育者是美国西北大学的阿瑞·鲁腾勃格教授和他的同事，他们给实验鼠移植了一种新发现的基因。该基因能促进转

◆具有学习能力的转基因鼠

因鼠大脑中产生大量与生长相关的GAP—43蛋白质。该蛋白质作用于神经末梢，可刺激神经生长，并为大脑记忆功能提供更多的资源。

科学家认为，上述转基因鼠的研究掌握着记忆如何工作的某些线索，它最终有可能应用于治疗大脑退化和紊乱方面的疾病，如阿尔茨海默病。

转基因技术还可以为我们培育出某些令常人意想不到的奇特动物。科学家们已经用转基因技术培育出了彩色棉花。也许不久的将来，我们就会拥有彩色的绵羊。

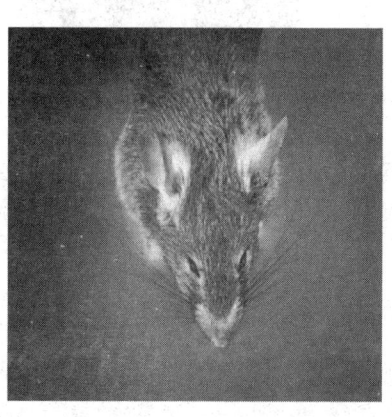

◆转基因鼠

生物世界漫游

趣味生命科学图解

科学家"制造"出的最神奇、最古怪的6种转基因动物

生物世界漫游

荧光鼠

2007年末，荧光鼠脑细胞的图片传遍世界各地，英国哈佛大学的杰夫·里奇曼为首的科研小组在实验鼠的基因组中导入水母的绿色荧光蛋白基因，使其在紫色光线的照射下呈现出绿色荧光。这种绿色荧光基因对小鼠无害，只起到标记作用。

◆荧光鼠

无所畏惧的老鼠

日本科学家最近通过改变老鼠的基因，培育出了一只不怕猫的老鼠。在科学家展示的照片中，一只褐色老鼠离一只猫不到3厘米，在猫的身边嗅来嗅去。

长期以来，科学家们一直认为，动物的恐惧可能是由它们灵敏的嗅觉唤起的。老鼠拥有大约1000个嗅觉感受器基因，而人类只有400个起作用的和大约800个不活跃的嗅觉感受器基因。

◆无所畏惧的老鼠

在用老鼠所做的一项实验中，研究人员确认并移除了老鼠大脑嗅球上的某些感受器，结果这些老鼠变成了一群无所畏惧的啮齿动物，在天敌面前转来转去，显示出极强的好奇心，永远不知道危险的存在。

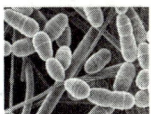

生命科学之奇——现实中的神话

荧光鱼

2003年，美国得克萨斯州的一家公司宣布，经过转基因技术，他们已经研制出能发荧光的小型热带鱼——"荧光鱼"。这种"光芒四射"的红色荧光鱼，是利用转基因技术得到商标注册的第一种商业性荧光宠物鱼。改基因后的斑马鱼散发出粉红色荧光，远看像金鱼一样。目前，公司以"GloFish"的商标对红色荧光鱼进行了注册，这标志着转基因荧光鱼可以被当作家庭宠物出售。荧光鱼作为观赏鱼在市场上销售，是第一种上市的转基因动物。

◆荧光鱼

超级老鼠

一种超级老鼠可以不知疲倦地奔跑数小时，寿命更长，拥有更强繁殖能力，吃得更多而不增加体重……美国科学家培育出的这种转基因老鼠震撼了世界，引起人们的遐想：培育超级老鼠的技术手段能否应用于人类，改善人类的能力？第一只超级老鼠诞生于20世纪90年代中。如今，科学家已经培育出500只超级老鼠。

◆超级老鼠

生物世界漫游

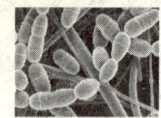

趣味生命科学图解

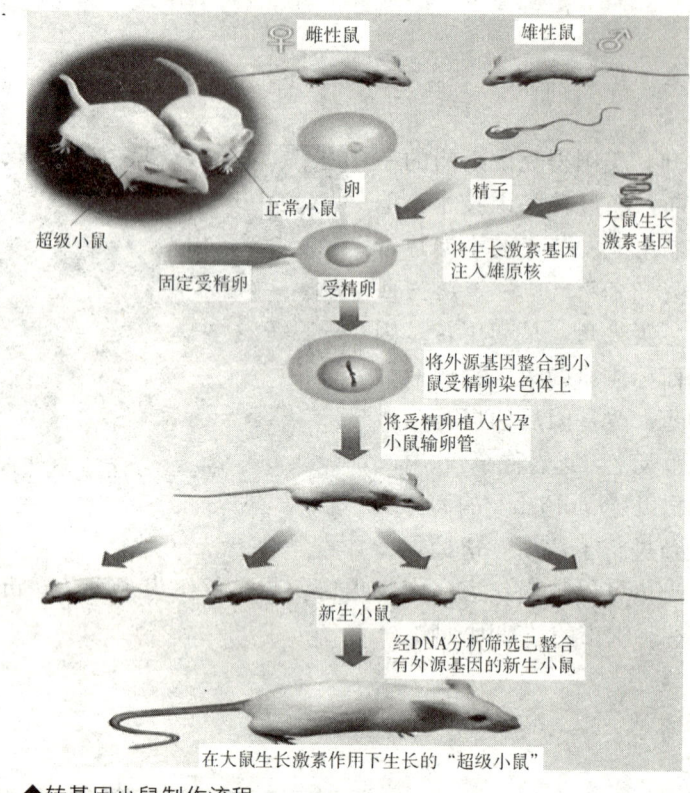

◆转基因小鼠制作流程

产药的小鸡

曾培育出世界上第一只克隆羊"多利"的英国罗斯林研究所,近日又取得了一项重大的科学突破:该研究所的科学家成功培育出世界上第一批能下"神奇鸡蛋"的小鸡。这种经过基因改造的小鸡所下的蛋,能用来制造治疗癌症和其他疾病的药物。这一重大科学突破无疑为大规模生产药物提供了非常广阔的前景。科学家用

◆产药的小鸡

于研究的小鸡名为"依沙褐壳蛋鸡",这种法国品种鸡每年可下约300颗鸡蛋。经过基因改造后的"依沙褐壳蛋鸡",其DNA中含有人为加入的人类基因,当母鸡生下蛋后,科学家就能从鸡蛋的蛋白中提取用来制造药物的蛋白质。

转基因蚊子

吸血的雌蚊是登革热、疟疾、黄热病、丝虫病、日本脑炎等其他病原体的中间寄主,能传播多种疾病,是人类健康的"杀手"之一。近年来,全世界科学家都在努力研究转基因蚊子,以降低其对人类的危害。美国科学家通过基因改造,在实验室中培育出了一种蚊子,它具备了不再感染疟疾的能力,将这些蚊子放入野外可以有效切断人与蚊子之间的疟疾传播途径。这些经过基因改造的蚊子被饲以未感染疟原虫的血液时并无明显优势,不过在饲以含有疟原虫的血液后,比普通蚊子更能适应环境。这种转基因蚊子的繁殖能力和生存能力更强,死亡率更低。被疟原虫感染不会杀死普通蚊子,但是会降低其繁殖率。

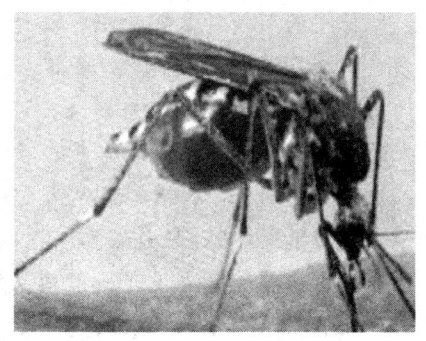
◆转基因蚊子

趣味生命科学图解

一个美丽的神话——转基因食品

你吃的菜是转基因的吗？相信绝大多数人回答是"不知道"。菜市场上卖的拇指头般大小、既可当蔬菜又可当水果的"圣女果"（又称小柿子、珍珠番茄），吃起来味道不错；巴掌大小的鲜嫩"奶白菜"（又称娃娃菜），不仅长得嫩白好看，吃起来也没了一般白菜的水味；还有个头比拳头还大的"太空椒"，

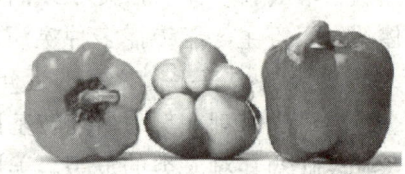
◆转基因辣椒

肉厚汁多，一个青椒掰开，就够炒一盘菜。这些又好看，吃着味道又不错的蔬果，有些人就是不吃，他们还会担心地告诉别人："别吃了，那都是转基因来的。"

食品沾上了"转基因"这三个字，就变得不受人们欢迎了，甚至还挺可怕。那么究竟什么是转基因食品，人们对这种东西的恐慌又是从何而来呢？

◆转基因水稻

转基因食品，就是指科学家在实验室中把动植物的基因加以改变，再制造出具备新特征的食品种类。许多人已经知道，所有生物的DNA上都写有遗传基因，它们是建构和维持生命的化学信息。通过修改基因，科学家们就能改变一个有机体的部分或全部特征。

利用分子生物学技术，将某些生物的一种或几种外源性基因转移到其他的生物细胞中去，从而改变其遗传物质（DNA）并有

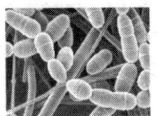

生命科学之奇——现实中的神话

效地表达特有性状的产物。以转基因生物为原料加工成的食品就是转基因食品。

转基因食品如今已经在世界上多个国家成了环保和健康的中心议题。并且，它还在迅速分裂着大众的思想阵营：赞同它的人认为科技的进步能大大提高我们的生活水平，而畏惧它的人则认为科学的实践已经走得"太快"了。

◆转基因番茄

克隆动物食品与转基因食品的区别

克隆动物

克隆动物是指不经过有性繁殖，通过对母本动物进行基因复制而得到的一模一样的另一只动物，它和母本动物就像不同时出生的双胞胎。世界上第一只体细胞克隆动物是1996年出生于英国的克隆羊多利，随后克隆牛、克隆猪等不断诞生。克隆动物技术可以使一些优良动物品种快速产出大量"后代"，比起传统培育和繁殖方法，采用这种技术有时间和数量上的优越性。

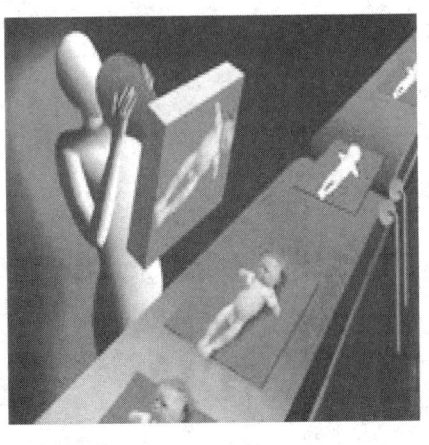

转基因食品

转基因食品是指通过基因技术改造一些传统食品来源，加入一些外来基因或去除一些原有基因后得到的食品。转基因食品同时涉及动物和植

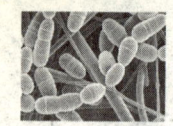

**QUWEI SHENGMING
KEXUE TUJIE**

趣味生命科学图解

◆转基因草莓

物，目前讨论最多的转基因食品还是玉米等农作物食品。在经过基因改造后，玉米等作物可具备抗害虫等特性，能帮助节约农药开支。

由此可见，克隆和转基因都是利用基因手段来获得所需的动植物品种优越性，它们之间的最大区别就是，前者只是复制，而后者是对基因进行改造。由于相关技术还存在很多未知因素，克隆动物食品和转基因食品现在都还面临安全性质疑。一些专家认为，从克隆只是复制而转基因要进行基因改造来看，或许克隆动物食品面临的安全风险要小些。

生物世界漫游

生命科学之奇——现实中的神话

《侏罗纪公园》中恐龙的复活，不是神话——基因工程

基因工程又叫做基因拼接技术或DNA重组技术。这种技术是在生物体外通过对DNA分子进行人工"剪切"和"拼接"，对生物的基因进行改造和重新组合，然后导入受体细胞内进行无性繁殖，使重组基因在受体细胞内表达，产生出人类所需要的基因产物。通俗地说，就是按照人们的主观意愿，把一种生物的个别基因复制出来，加以修饰改造，然后放到另一种生物的细胞里，定向地改造生物的遗传性状。

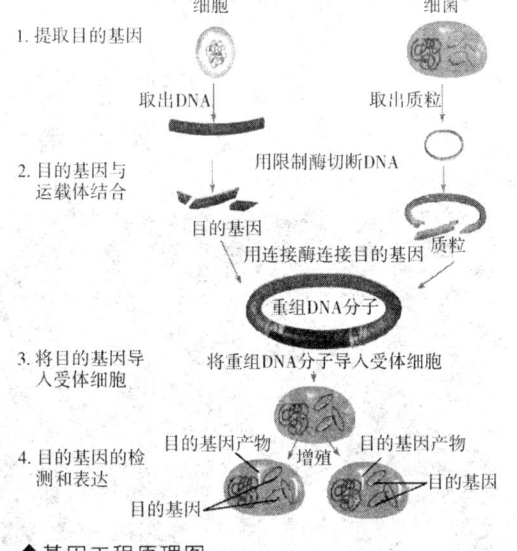

◆基因工程原理图

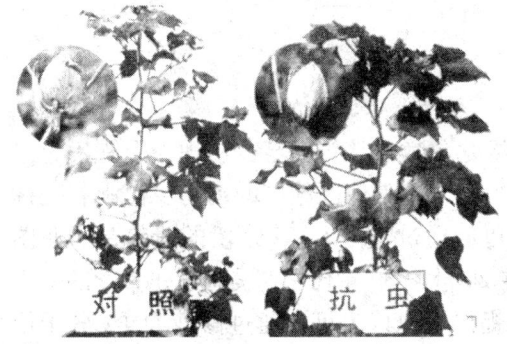

◆普通棉花和转基因抗虫棉对照图

例如，我国拥有自主知识产权的转基因抗虫棉（如图），就是通过精心设计的，首先需要将抗虫的基因从某种生物（如苏云金芽孢杆菌）中提取出来，"放入"棉的细胞中，与棉细胞中的DNA结合起来，在棉中发挥作用。实现这一准确的操作过程至少需要3

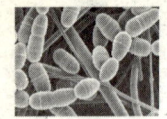

趣味生命科学图解

种工具，即切割棉细胞中的 DNA 的"手术刀"，将 DNA 片段再连接起来的"缝合针"，最后将体外重组好的 DNA 导入受体细胞的"运输工具"。科学家已经找到并运用了基因工程必须的这 3 种工具，才使得培育抗虫棉这一奇妙构想变成了现实。

抗虫棉　　普通棉

◆抗虫棉和普通棉的叶子

重组基因再造恐龙 "侏罗纪公园"将成真？

◆侏罗纪公园

电影《侏罗纪公园》中恐龙再生的情节可能成真！现代科学技术的发展，常常引发人们产生一些奇思妙想。无论是"恐龙公园"还是丰富多彩的恐龙展览，留在人们脑海中的毕竟是往日的遗骨和人工艺术的再现。能否通过遗传物质 DNA 分子来复制恐龙，让它们重现于自然界？这有可能吗？

人工复制的设想

澳大利亚悉尼大学的科学家维德尔教授认为，至少从理论上来说，采用现代科学手段，可以无性繁殖出恐龙或其他已绝迹的动物。他满有把握地说，澳大利亚塔马尼亚虎就有可能通过重组 DNA 片段的遗传基因蓝图来"复制"。其实，这种设想早在 20 世纪 80 年代中期美国加州大学的古生物学家乔治·波纳尔博士就已经提出，他认为可以通过修补 DNA 分子使史前动物再生。要制造恐龙，必须把恐龙的 DNA 移植到雌鳄的受精卵细

生命科学之奇——现实中的神话

◆古生物学专家希宾借助现代科学技术使恐龙复活

◆恐龙复活展

胞内。这种含有恐龙的 DNA 的卵细胞在鳄体内发育，卵细胞的周围还会长出坚硬的卵壳。鳄产下这种卵，通过孵化，新生的"人工恐龙"就会降临大地。

QUWEI SHENGMING
KEXUE TUJIE

趣味生命科学图解

一滴口水就能测出早恋基因
——基因工程在早恋现象的应用

中学生早恋，早已不是什么新鲜的话题了，中学生早恋现象让很多老师和家长头痛。2009年广东省佛山市三水区三水基因大会上，英国科学局特许科学家曹志成博士认为，早恋是由基因决定的，只要科学家用棉签在口腔黏膜刮一刮，密封在瓶子内，拿到实验室，通过基因检测技术就能测出早恋倾向？

提取口水寻找早恋基因是可行的，但不是目前研究的重点

◆早恋的中学生

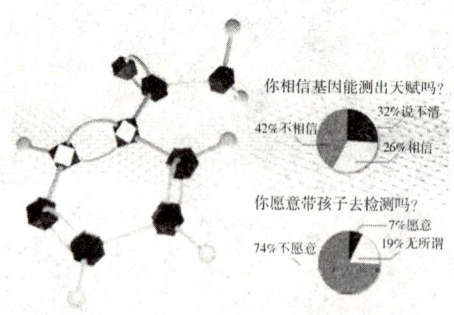
◆关于口腔黏膜或唾液能检测早恋的调查结果

现在很多地方推出了名目繁多的基因检测业务，有人说通过基因检测技术，能测出8大类别40种天赋基因，包括乐观基因、害羞基因，甚至多情基因、专一基因及早恋基因等。

对此，曹志成博士表示，从技术上讲是可行的，比如通过提取人的体液、口腔黏膜或唾液等来进行基因检测。他说，人的很多疾病、性格的养成需要依赖两个方面的因素，分别是环境和遗传。具体到早恋上，如果能找出相关决定早恋倾向的基因，从技术上可以检测出，一个孩子是否会早恋。当然，这个要依据不同人种做出检测。因为不同人种的基因组成是不同的。所以，要在一个人种中选取患病或具有早恋倾向的样本1000～2000个，再选取没有患病或没有早恋倾向的正常样本1000～2000

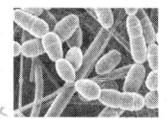

个，进行对照试验，从而得出结论，找出决定患病或早恋倾向的基因的具体位置据丁丁网调查结果表明，有74％家长愿意带孩子去做基因检测。

一滴口水就能测出早恋基因？
——观点PK台

观点一：专家：测试结果只能做参考

如果口水真能测出恋爱基因，家长和老师或者可以借助这种方法，测试学习成绩突然下降学生的变化原因，但结果只能参考。早恋是一个综合社会、心理、教育的问题，医学只是辅助了解而不能作判断的唯一依据。如果仅凭早恋基因，学校或者家长就对孩子重点关注，反而可能给孩子带来压力，不利孩子的心理成长。

观点二：家长：值得试试的

某学生家长表示，自己也曾在孩子的书包里发现过写着"我多么多么喜欢你"的亲昵小纸条，也曾发现孩子深夜还在给女生偷偷发短信。如果通过孩子的口水就能把孩子的早恋弄得一清二楚，那就可以对孩子进行有针对性的教育，因此还是值得试试的。

有《广州日报》记者走访了10名学生家长，其中有六成家长均表示"考虑考虑"，四成的家长明确表示"不会去做"。

观点三：老师：教育比检测更重要

学生早恋一直是老师较为头痛的问题，口水基因检测早恋会不会成为老师手中的"秘密武器"？某中学老师表示，学生是否早恋，主要是通过日常的教育和观察发现，只要对学生日常进行正确引导就可以了。"口水检测"固然来得快，但就算通过检测能发现孩子有早恋基因，也不能武断地认为在日后就会真的发生早恋，把还没有发生的事情较早地强加在孩子身上不适宜。

观点四：学生：朦胧感情是正常的事情

对于"口水测早恋"，大多数学生都表示怀疑。某中学女同学说："且不说早恋基因到底能不能测出来，即使提取口水检验后发现我有早恋倾向基因，又如何？难道把我关起来不与异性接触？还是让我吃药治疗？早恋，更多是受身边环境诸如学校以及大众传媒的影响，早恋不一定只是学生本人的问题，只该由学生承担，家庭、学校、乃至社会，都要承担一定的责任。"

趣味生命科学图解

生物世界漫游

揭开亲子鉴定的神秘面纱
——基因工程在家庭关系中的应用

◆亲子鉴定容易拆散一个家庭

亲子鉴定也称亲权鉴定，是指用医学及人类学等学科理论和技术判断有争议的父母与子女是否存在亲生血缘关系，因常与财产继承权、子女抚养责任有关，故有此称谓。

人们常说，血浓于水，早在三国时代，"滴血认亲"的故事就已经出现了。随着社会的进步，科学的发展，现代人已经可以用亲子鉴定这种方式很便捷地确定亲人之间的血缘关系了，然而，这种"便捷"也给现代人的婚姻关系带来更多的考验。

一次亲子鉴定拆散一个家庭

今年7岁的小明寒假上了趟北京，按说这是件挺开心的事，然而不仅自己不开心，后来一家人谁都不开心。小明的爸爸对妻子和孩子说是去北京出差，顺便带孩子去玩玩。而实际上是带小明到北京华大方瑞司法物证鉴定中心做亲子鉴定。

因为小明爸爸看孩子越长越不像自己，便心生疑团。

◆老公，你竟然不相信我，带孩子去做亲子鉴定，我要离婚！

生命科学之奇——现实中的神话

小明和爸爸在办理了相关委托手续之后,分别被实验室工作人员抽取了指血。7天后结果出来了,小明系爸爸亲生。然而,悲剧的帷幕其实已经悄悄拉开了。小明回家后一天无意中对妈妈说出了他和爸爸去北京的经过,小明妈妈顿时感到天旋地转,一怒之下,提出离婚。而近年来,这样人为造成的悲剧在我们的生活中正屡屡上演。

◆亲子鉴定

亲子鉴定的原理

通过遗传标记的检验与分析来判断父母与子女是否亲生关系,称为亲子试验或亲子鉴定。人的血液、毛发、唾液、口腔细胞等都可以用于亲子鉴定,十分方便。一个人有23对(46条)染色体,同一对染色体同一位置上的一对基因称为等位基因,一般一个来自父亲,一个来自母亲。如果检测到某个DNA位点的等位基因,一个与母亲相同,另一个就应与父亲相同,否则就存在疑问了。利用DNA进行亲子鉴定,只要作十几至几十个DNA位点作检测,如果全部一样,就可

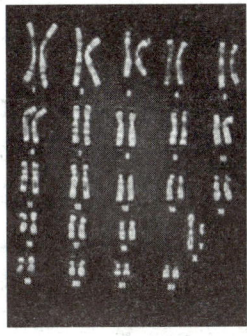
◆男性染色体组型

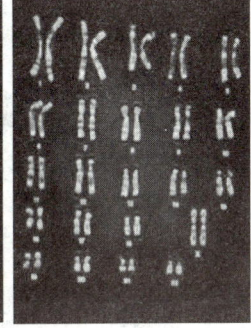
◆女性染色体组型

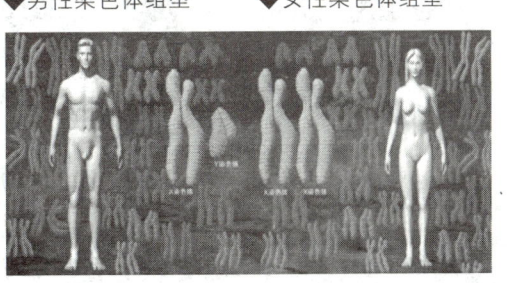
◆人体的46条染色体

以确定亲子关系,如果有3个以上的位点不同,则可排除亲子关系,有一两个位点不同,则应考虑基因突变的可能,可加做一些位点的检测进行辨别。DNA亲子鉴定,否定亲子关系的准确率概近100%,肯定亲子关系的

QUWEI SHENGMING
KEXUE TUJIE

趣味生命科学图解

准确率可达到99.99%。

亲子鉴定的准确性

DNA亲子鉴定是目前最准确的亲权鉴定方法，如果小孩的遗传位点和被测试男子的位点（至少3个）不一致，那么该男子便100%被排除血缘关系之外，即他绝对不可能是孩子的父亲。如果孩子与其父母亲的位点都吻合，我们就能得出亲权关系大于99.99%的可能性，即证明他们之间的血缘亲子关系。

◆DNA

亲子鉴定的类别

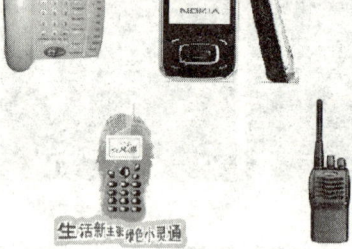

◆电话—手机—小灵通—对讲机

亲子鉴定分为司法鉴定和非司法鉴定，流程有区别。

司法亲子鉴定的申请：司法亲子鉴定主要用途为打官司、入户口、移民等司法和官方用途。公民可以单方面申请司法鉴定。司法亲子鉴定要求是鉴定人提供户口簿、身份证、护照等官方颁发的可以有效证明身份的证件，在鉴定人在场亲自采样、拍照、留指纹后方可进行。司法亲子鉴定可以由公民自愿或者通过司法机关申请办理。

非司法亲子鉴定（匿名亲子鉴定）的申请：在公民自愿的前提下，可以向生物公司或者有试验条件的实验室申请进行亲缘实验检测。相对于司法鉴定，匿名亲子鉴定更灵活，结果可能更精确（目前国内顶尖的生物学实验室都是研究型实验室，而非司法鉴定所）。公民也可以通过代办机构寻求境外机构完成匿名鉴定，境外机构的准确性和严谨性相对较高，但收费也相对较高。

生命科学之奇——现实中的神话

SHENGWU
SHIJIE MANYOU

轻松一刻

小灵通的亲子鉴定测试

手机和电话结婚，生个孩子叫小灵通，长得丑，信号又差，为了弄明白，手机和电话带小灵通去作了 DNA 测试，结果大吃一惊：乖乖！原来它爹是对讲机！！

你知道吗？

DNA 亲子鉴定测试与传统的血液测试有很大的不同。它可以在不同的样本上进行测试，包括血液、腮腺细胞、组织细胞样本和精液样本。由于血液型号，例如 A 型，B 型，O 型或 RH 型，在人口中比较普遍，用于分辨每一个人，便不如 DNA 亲子鉴定测试有效。除了真正双胞胎外，每个人的 DNA 是独一无二的。由于它是这样独特，就好像指纹一样，用于亲子鉴定，DNA 是最为有效的方法。

生物世界漫游

趣味生命科学图解

基因治疗还只是商业神话
——基因疗法与疾病治疗

所谓基因疗法，即是通过基因水平的操作来治疗疾病的方法。目前的基因疗法是先从患者身上取出一些细胞（如造血干细胞、纤维干细胞、肝细胞、癌细胞等），然后利用对人体无害的逆转录病毒当载体，把正常的基因嫁接到病毒上，再用这些病毒去感染取出的人体细胞，让它们把正常基因插进细胞的染色体中，使人体细胞就可以"获得"正常的基因，以取代原有的异常基因；接着把这些修复好的细胞培养、繁殖到一定的数量后，送回患者体内，这些细胞就会发挥"医生"的功能，把疾病治好了。

攻克顽症——遗传病

遗传疾病是威胁人类健康的大敌。当我们遗传了妈妈的双眼皮、爸爸的白皮肤基因时，也有可能同时遗传了高血压、糖尿病等不利的基因。到目前为止，已经发现的人类遗传病共有6000多种，其中由单个基因缺陷引起的遗传病约有3000多种。对于遗传病，依靠普通的药物是很难得到有效治疗的。因为那些"坏基因"也就是致病基因，总是不停地制造麻烦，要么生产有害物质，要么使细胞的生长繁殖失控，从而破坏细胞和组织的正常功能。要找到对付遗传病的有效办法，还要从研究致病基因开始。通过

生命科学之奇——现实中的神话

人类基因研究，科学家们有可能找到哪些是致病基因，知道它们存在于哪一条染色体上，并对它们在DNA上的确切位置进行定位。一旦获得重大突破，科学家将采取积极的措施，对遗传病加以有效的诊断和治疗。比如说，针对疾病基因及其功能的一系列新发现，世界上许多药物公司已在迅速组织力量开发相应的药物，以替代由于基因异常而缺失的必需蛋白质。此外，向人体的病态体细胞导入正常基因以校正遗传疾病，不失为一种好的方法。

知识窗——基因治疗案例

有两名美国女孩得了一种奇怪的病——先天性腺苷脱氨酶缺乏（简称ADA），其表现就象艾滋病患者——缺乏治疗的有效手段。不远的将来，随着一个个威胁人类健康和生命的顽症被攻克，我们人类的生存质量将获得极大地提高。

美国医学家安德森等人对腺甘脱氨酶缺乏症（ADA缺乏症）的基因治疗，是世界上第一个基因治疗成功的范例。

1990年9月14日，安德森对一例患ADA缺乏症的4岁女孩进行基因治疗。这个4岁女孩由于遗传基因有缺陷，自身不能生产ADA，先天性免疫功能不全，只能生活在无菌的隔离帐里。他们将含有这个女孩自己的白细胞的溶液输入她左臂的一条

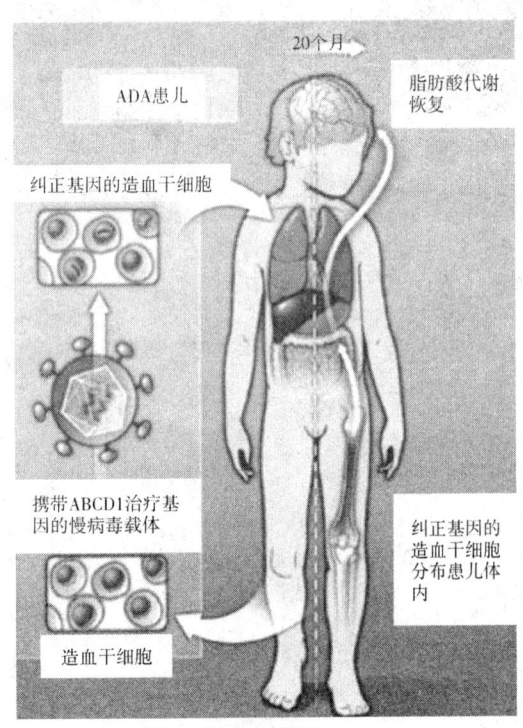

◆基因疗法治疗ADA的示意图

静脉血管中，这种白细胞都已经过改造，有缺陷的基因已经被健康的基因所替代。在以后的10个月内，她又接受了7次这样的治疗，同时也接受酶治疗。

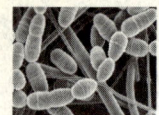

**QUWEI SHENGMING
KEXUE TUJIE**

趣味生命科学图解

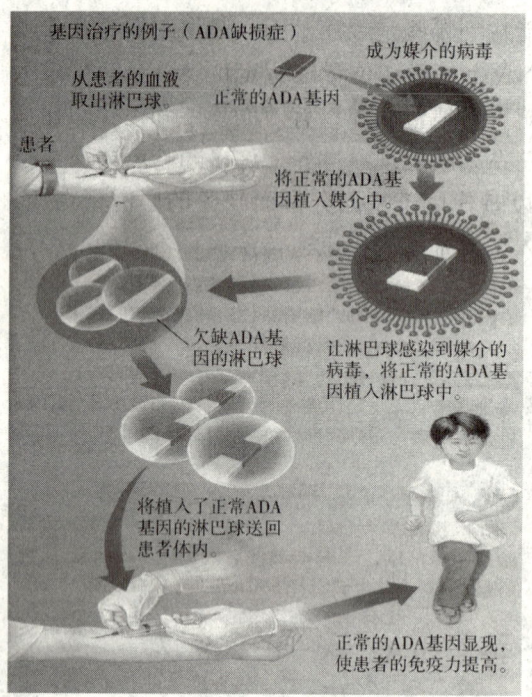

◆基因治疗流程图

1991年1月，另一名患同样病的女孩也接受了同样的治疗。两患儿经治疗后，免疫功能日趋健全，能走出隔离帐，过上了正常人的生活，并进入普通小学上学。尽管目前只有极少数的基因疗法开始在临床试用，大多数还处于研究阶段，但它的潜力极大、发展前景广阔。

生物世界漫游

生命科学之奇——现实中的神话

生物导弹
——单克隆抗体药物

生物导弹大规模生产流程简图

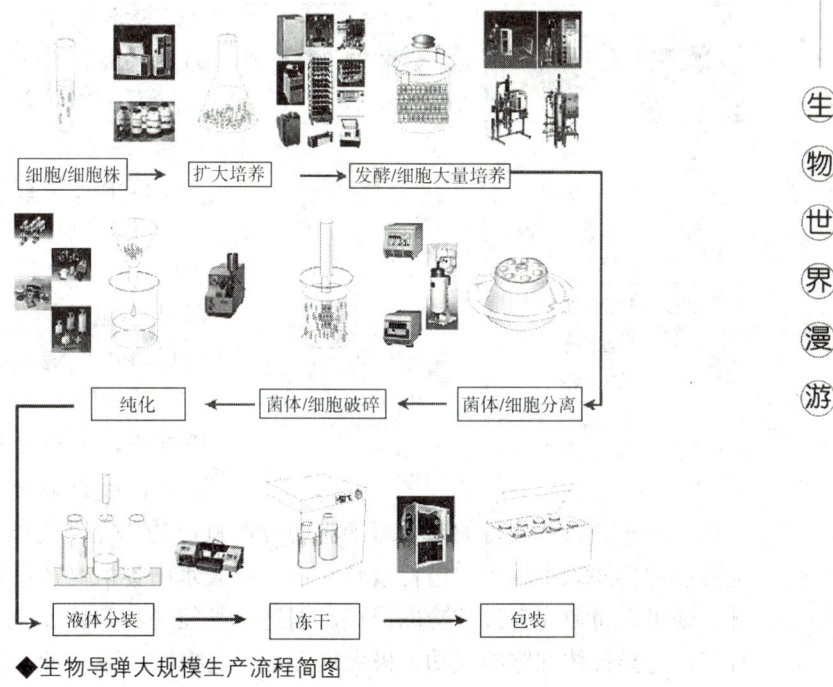

◆生物导弹大规模生产流程简图

生物导弹发现小故事

1975年是值得庆贺的一年,英国MRC分子生物研究所的科勒和米尔斯坦用生化的方法将B淋巴细胞与骨髓瘤细胞融合形成杂交瘤细胞。这是

QUWEI SHENGMING
KEXUE TUJIE

趣味生命科学图解

◆生物导弹之父米尔斯坦（左）和科勒（右）

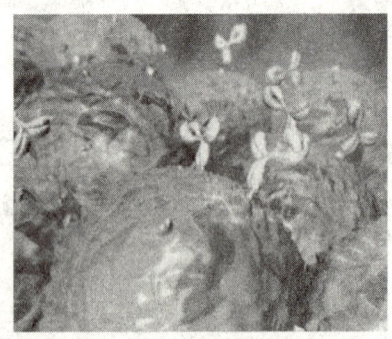

◆生物导弹

生物世界漫游

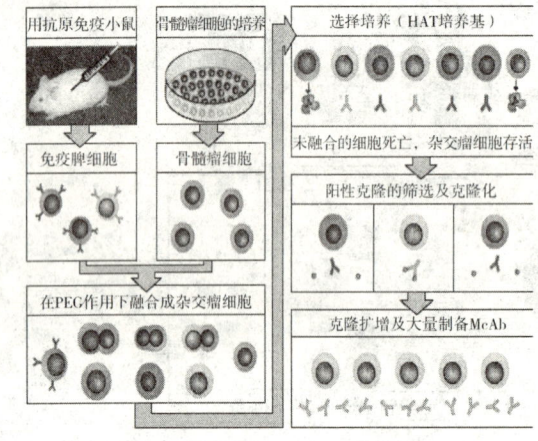

◆生物导弹制备流程

一种既有旺盛的体外繁殖能力，又能产生抗体的细胞，经过人工培养，从中可源源不断地提取单一纯净的抗体。

这个实验首先在小老鼠身上获得成功。先向小鼠身上注入作为抗原的羊红细胞，确认小鼠体内产生了抗体；然后将小鼠最大的淋巴器官——脾切除，从中提取 B 淋巴细胞，再与骨髓瘤细胞相融合，形成杂交瘤细胞。经过体外培养，再从大量的杂交瘤细胞中提取特定的单克隆抗体。还可将单克隆抗体再注入小鼠体内进行繁殖，再从鼠腹水中提取高浓度的单克隆抗体。还可以将单克隆抗体冷冻保存。制造一种能对特定抗原持续产生单一纯净的特异抗体细胞的成功，极大地震动了生物界，1981 年米尔斯坦和科勒共同获得加尔登基金奖。

生物导弹在医学的应用

单克隆抗体已成为现代医学武库中的新式导弹，因为它蕴藏着的巨大

生命科学之奇——现实中的神话

潜力是来自它那高度的特异性和精确性，因此成为生物技术中发展最迅速的分支。它的最大优势是有希望成为癌症的征服者。由于它的精度高，因此副作用小，不会像其他药物将健康细胞与癌细胞同时杀死。现在科学家还将抗癌的单克隆抗体再与其他药物联接，可将药物准确地带到癌变部位，这样更增强了"导弹"的杀伤力，好似增加了许多新的弹头。我国对人体单克隆抗体的研究于20世纪80年代才起步，但已有不小进展，主攻方向是恶性肿瘤、白血病、严重感染病及各种自身免疫病。

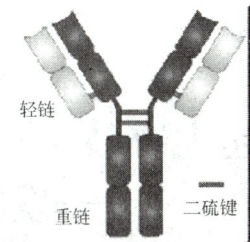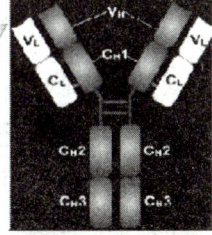
◆免疫球蛋白基本结构

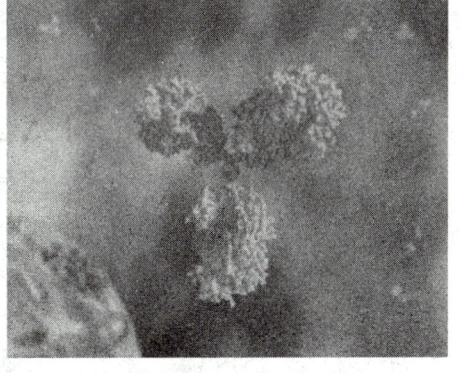
◆生物导弹显微照片

已上市的抗体药物具有很高的市场回报率。近年来治疗性单抗市场高速发展，欧美市场上市的20个单抗药物中就有6个销售额过10亿美元的"重磅炸弹"药物。

拓展思考

1. 被称为生物导弹之父的两位科学家是谁？
2. 制备生物导弹的杂交瘤细胞是由哪两种细胞融合而成的？

QUWEI SHENGMING
KEXUE TUJIE
趣味生命科学图解

撑起生物技术产品的半壁江山
——发酵工程

◆某公司发酵生产现场

发酵工程是指采用现代工程技术手段，利用微生物的某些特定功能，为人类生产有用的产品，或直接把微生物应用于工业生产过程的一种新技术。发酵工程的内容包括菌种的选育、培养基的配制、灭菌、扩大培养和接种、发酵过程和产品的分离提纯等方面。

大规模发酵生产过程探秘

发酵是利用微生物在适宜的条件下，将原料经过特定的代谢途径转化

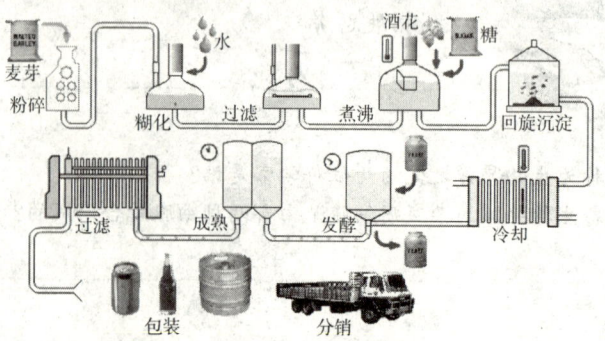

啤酒生产工艺流程可以分为制麦、糖化、发酵、包装四个工序。现代化的啤酒厂一般已经不再设立麦芽车间，因此制麦部分也将逐步从啤酒生产工艺流程中剥离。

◆啤酒大规模发酵生产工艺流程图

生命科学之奇——现实中的神话

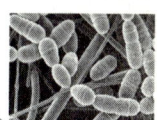

为人类所需要的产物的过程。因此，利用不同的微生物就可以生产出所需要的多种产物。例如利用谷氨酸棒状杆菌发酵可以生产味精，利用黄色短杆菌发酵可以生产人类所需要的氨基酸。

现代发酵工业

现代发酵工业使用的大型发酵罐，均有计算机控制系统，能对发酵过程的通气、搅拌、接种、加料、冷却、pH等及时进行检测和控制，还可以进行反馈控制，使发酵过程处于最佳状态，从而大幅度地提高发酵生产率。

发酵罐是一种圆柱形的容器，容量从几升到几百万升，上面连接有通气、搅拌、接种、加料、冷却、pH检测计等装置。右图显示的是发酵罐的结构示意图。

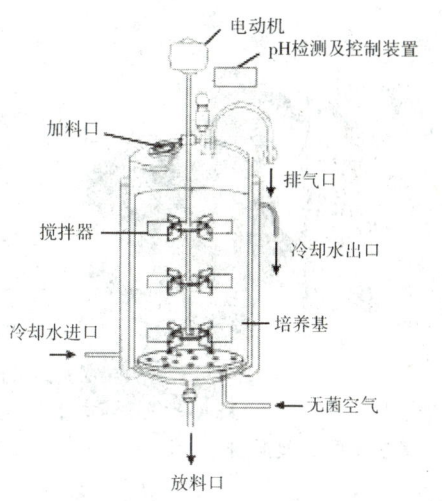

◆发酵罐的结构示意图

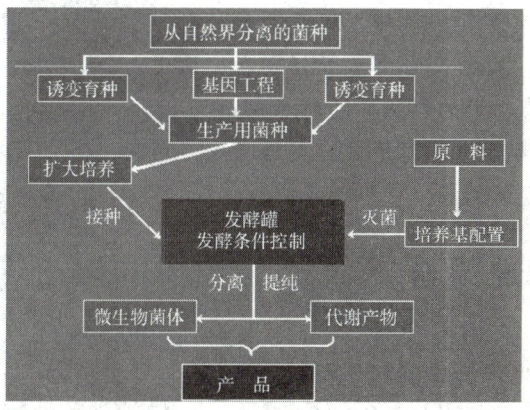

◆发酵工程生产产品的流程简图

酒虽然好喝，可不要贪杯
——发酵工程与葡萄酒

◆古代酿酒模拟图

当你和你的家人在享用葡萄酒的时候，你是否想知道这些葡萄酒是怎么酿造出来的？是否想过亲自动手做一做呢？

在国内市场上，近几年出现了越来越多的果酒，如枸杞酒、青梅酒等。

果酒中虽然含有酒精，但含量与白酒、啤酒和葡萄酒比起来非常低，一般为5°～10°，最高的也只有14°。因此，被很多成年人当作饭后或睡前的软饮料来喝。

下面我们来学习葡萄酒酿造的相关知识。

传统的葡萄酒酿造，都是采用自然发酵的工艺。所谓自然发酵，就是葡萄破碎入罐以后，不去人为地添加任何菌种，靠葡萄本身携带的自然界的酵母菌，在葡萄浆或分离后的葡萄汁里自发地繁殖，最终发酵成葡萄酒。

葡萄酒

红葡萄酒生产加工流程图

【第一步：去梗】

也就是把葡萄果粒从梳子状的枝梗上取下来。因枝梗含有特别多的单宁酸，在酒液中会造成一股令人不快的味道。

你认为应该先冲洗葡萄还是先除去枝梗？为什么？

答：应该先冲洗，然后再除去枝梗，以避免除去枝梗时引起葡萄破损，增加被杂菌污染的机会。

【第二步：压榨果粒】

如果酿制白酒，则榨汁的过程要迅速一点，因酿制白酒所用的葡萄浆若放置太久，即使葡萄已经去梗，余下的果皮和果核仍然释放出大量的单宁酸。反之如打算酿制红酒，则葡萄浆发酵的过程就绝对必要。因果酸中所含的红色色素就是在这段时间释放出的。就因为这样，所有红酒的色泽才是红的。

【第三步：榨汁和发酵】

经过榨汁后，就可得到酿酒的原料——葡萄汁。有了酒汁就可酿制好酒。葡萄酒是透过发酵作用而得的产物。由此可见发酵在葡萄酒酿制过程中扮演极重要的角色。发酵是一种化学过程，透过酵母而起作用。经过此化学作用，葡萄中所含的糖分会逐渐转成酒精和二氧化碳。因此，在发酵过程中，糖分越来越少，而酒精度则越来越高。通过缓慢的发酵过程，可酿出口味芳香细致的葡萄酒。

【第四步：添加二氧化硫】

二氧化硫可以阻止由空气中的氧气使葡萄酒发生的氧化作用。新酒在发酵后大约3周，必须进行第一次沉淀与换桶。第二次沉淀要4~6周。沉淀的次数和时间上的顺序，完全就是所要达到的口味。

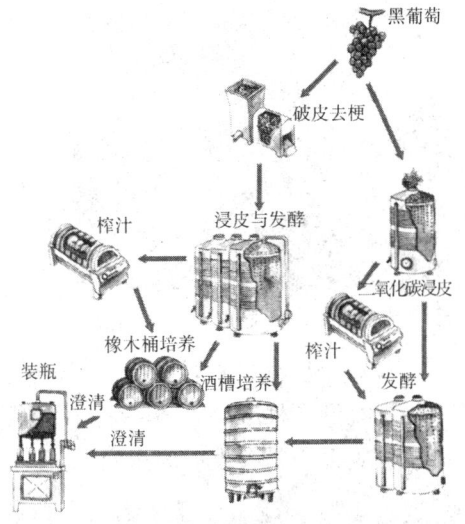

◆红葡萄酒的制作工艺流程图

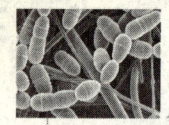

QUWEI SHENGMING
KEXUE TUJIE

趣味生命科学图解

◆某葡萄酒生产公司储酒窖

【第五步：装瓶】

葡萄酒在桶中存了 3～9 个月以后就要装瓶了。葡萄酒瓶以软木塞来封口，因葡萄酒是有生命的东西。

自酿葡萄酒基本流

购买葡萄──→清洗（风干）──→放入罐子──→一层葡萄一层糖（一般是 500 克葡萄果粒放 100 克糖）──→将罐子添加 2/3 左右（不要加满，加满在发酵过程中会溢出）──→密封浸汁 1 个月──→去除皮渣──→用纱布过滤──→再放入罐子（此时罐子需加满葡萄酒）密封 3 个月──→50 千克酒用一个鸡蛋清（去蛋黄），加 100 毫升水搅拌均匀再加 1 克盐，再一边搅拌酒一边加入鸡蛋清溶液，用于沉淀杂物──→沉淀 7 天后，用纱布过滤──→酒质清亮，可以喝了。

选取优质葡萄

冲洗晾干

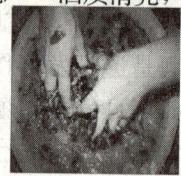
榨汁

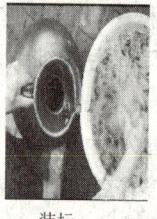
装坛

发酵

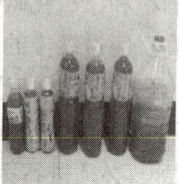
自制葡萄酒

◆自酿葡萄酒基本流程

生命科学之奇——现实中的神话

21世纪是蛋白质工程的世纪
——蛋白质工程

想想我们平时吃的食物中，哪些是富含蛋白质的？

蛋白质对维持生物体的生命活动至关重大，离开了蛋白质，生命将不复存在。收缩蛋白是动物肌肉的主要成分，没有收缩蛋白，就没有运动；血红蛋白是血液的重要成分，担负着携带氧的功能，没有血红蛋白，动物就不能生存；没有蛋白质的帮助，精子也不会自由移动

去与卵子汇合，新生命也就不会诞生了。蛋白质不仅对生物本身的生长、发育、繁殖必不可少，人类的日常生活也离不开蛋白质。

什么是蛋白质工程？

◆计算机辅助设计的小鼠的抗霍乱抗体与一个糖分子抗原结合的复合物结构图

蛋白质工程，是指在基因工程的基础上，结合蛋白质结晶学，计算机辅助设计和蛋白质化学等多学科的基础知识，通过对基因的人工定向改造等手段，对蛋白质进行修饰、改造和拼接，以生产出能满足人类需要的新型蛋白质的技术。

趣味生命科学图解

为什么要进行蛋白质工程的研究

我们知道通过基因工程技术可以将一种生物的基因转移到另一种生物体内，后者可以产生符合特定物种生存的需要，却不一定完全符合人类生产和生活的需要。例如干扰素是动物体内的一种蛋白质，可以治疗病毒的感染和癌症，但在体外的保存相当困难，如果将其分子上的一个半胱氨酸变成丝氨酸，那么在−70℃的条件下，可以保存半年。

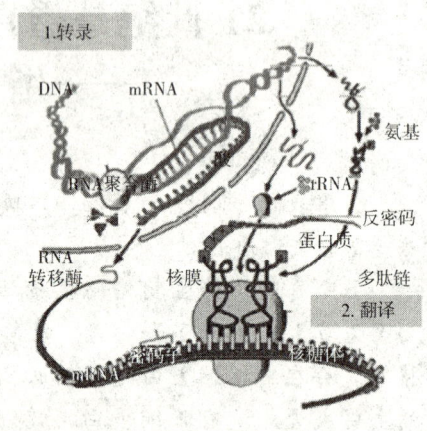

◆蛋白质合成示意图

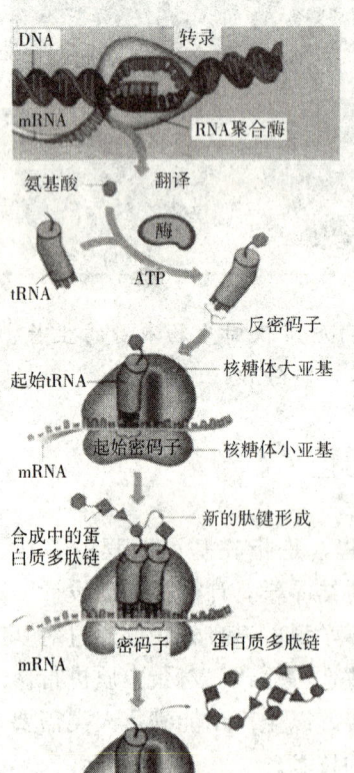

◆天然蛋白质合成过程图

天然蛋白质的合成过程

要了解蛋白质工程是怎么进行的？首先要了解天然蛋白质的合成过程（如左图）。

转录

DNA中的基因首先在RNA聚合酶等蛋白质的作用下被转录为前mRNA。随后mRNA就可以经由核糖体被用作蛋白质合成的模板。DNA在执行指挥生产蛋白质时，它的双链首先拆开，以其中一条链为模板合成mRNA，这个合成的过程是按照碱基互补

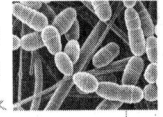

生命科学之奇——现实中的神话

原则进行的。转录后的 mRNA 带有合成蛋白质的全部信息,然后离开细胞核,与细胞质中的小颗粒结合在一起的,这个小颗粒叫"核糖体"。细胞里的蛋白质都是在这个小颗粒里合成的,因此可以说,核糖体是细胞中合成蛋白质的"车间"。

翻译

从一个 mRNA 模板合成一个蛋白质的过程被称为翻译。在翻译过程中,mRNA 被一些蛋白质携带到核糖体上;然后核糖体在 mRNA 上从 5′端到 3′端寻找起始密码子(大多数情况下为 AUG);找到起始密码子后,即核糖体上起始 tRNA 的反密码子与起始密码子配对后,翻译就可以开始进行;在起始密码子后,核糖体每一次阅读三个核苷酸(或一个密码子),同样是通过携带对应氨基酸的 tRNA 上反密码子与密码子配对。其中,氨酰 tRNA 合成酶

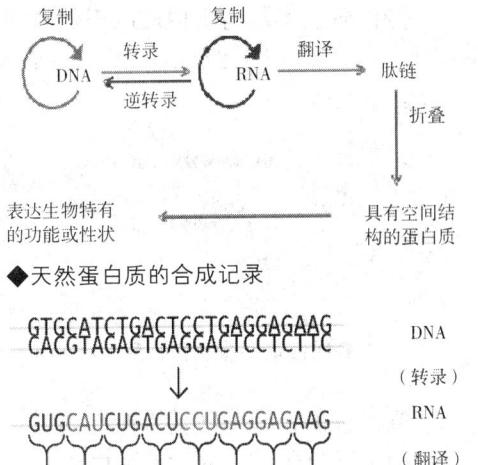

◆天然蛋白质的合成记录

◆蛋白质合成

可以将 tRNA 分子与正确的氨基酸连接到一起。不断延长的多肽链通常被称为"新生链"。生物体中的蛋白质合成总是从 N 端到 C 端。

要把 mRNA 翻译成蛋白质,形象地说需要一个"译员",它也必须认识 mRNA 上的文字——遗传密码,以及蛋白质的文字——氨基酸。这个"译员"就是转运 RNA(tRNA),它的工作就是领着特定的氨基酸,来到核糖体那里与 mRNA"对号入座",一个一个的氨基酸被不断地加长,直到完成整条肽链的合成。RNA 合成蛋白质的效率是惊人的,有的每分钟可以连接 1500 个氨基酸。

DNA 上的遗传信息先转录成 mRNA,在 rRNA 和 tRNA 的参与下,将信息再翻译成蛋白质。这就是遗传学中的"中心法则"。

一份原件(DNA),一张蓝图(从 DNA 长链上转录的遗传密码片段),

趣味生命科学图解

一个信使（mRNA），一个车间（rRNA），一个译员和搬运工（tRNA），一条多肽链，当然还有做辅助工作的酶，这就是一个蛋白质合成的全部工序，也是遗传信息的流向图。

蛋白质工程的基本原理

蛋白质工程却与蛋白质的天然合成过程正好相反，它的途径如下图：

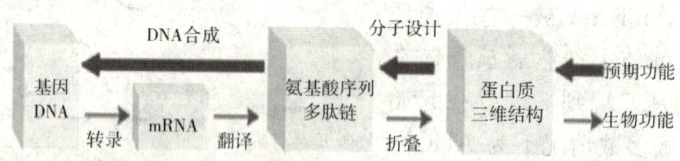

◆粗线箭头代表蛋白质工程工作原理图

蛋白质工程的目标是根据人类对蛋白质功能的特定需求，对目标蛋白质结构进行分子结构的设计，由于基因决定蛋白质，因此要对蛋白质的结构进行设计改造，最终还必须通过基因来完成。

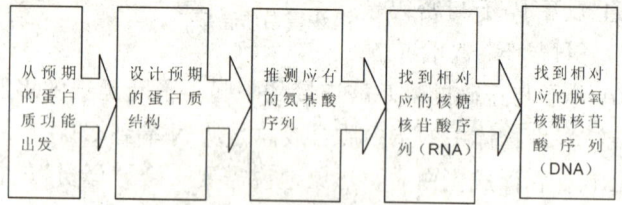

蛋白质的发展前景展望

蛋白质工程取得的进展向人们展示出诱人的前景，例如科学家通过对胰岛素的改造，已使其变成为速效性药品。

蛋白质工程是一项难度很大的工程，目前成功的例子不多，主要是因为蛋白质发挥它的功能需要依赖于正确的高级结构，而这种高级结构十分

生命科学之奇——现实中的神话

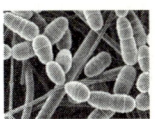

复杂,并且目前科学家对大多数蛋白质的高级结构的了解还有待深入,要设计出更加符合人类需要的蛋白质,还需要科研工作者的艰辛的探索,我们坚信,随着科学技术的深入发展,蛋白质工程将会给人类带来更多的福音。

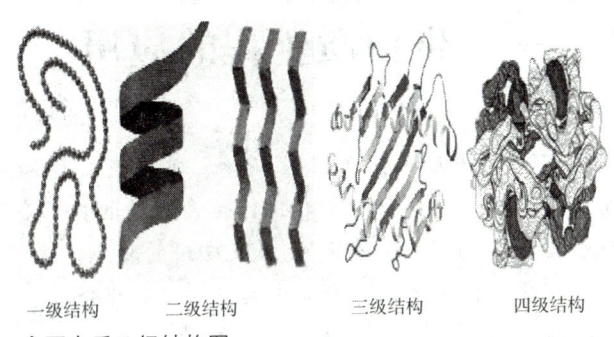

一级结构　　二级结构　　三级结构　　四级结构
◆蛋白质四级结构图

拓展思考

1. 大家都知道"人类基因组计划",那么你们知道国际人类蛋白质组计划吗?它与蛋白质工程有什么关系?
2. 基因工程在原则上只能生产自然界已存在的蛋白质,这些蛋白质却不一定完全符合人类生产和生活的需要,为什么?

让动物成为蛋白制药"工厂"
——蛋白质工程的应用

蛋白质药物可分为多肽和基因工程药物、单克隆抗体和基因工程抗体、重组疫苗。与以往的小分子药物相比，蛋白质药物具有高活性、特异性强、低毒性、生物功能明确、有利于临床应用的特点。由于其成本低，成功率高，安全可靠，已成为医药产品中的重要组成部分。

异想天开

吃的是草，挤的是奶，产的是药

能不能根据人类需要的蛋白质的结构，设计相应的基因，导入适合的宿主细胞中，让宿主细胞生产人类所需要的蛋白质食品呢？

利用转基因动物为生物反应器生产药用蛋白，如何实现呢？

让动物成为蛋白制药"工厂"

蛋白质药物的市场前景展望

蛋白类药物有活性高、特异性强、毒性低、生物功能明确、利于临床应用等特点，对于疾病治疗与营养保健发挥着重要作用，也逐渐成为新世纪生物医药的支柱。目前已批准上市的蛋白质药物超过150个，针对的症状超过220种，使约3.25亿患者受益，其产值和销售额已超过200亿美元。

蛋白制剂来源于生物体且多为人体，因而量少、难以大量获得成为其发展和应用的最大瓶颈。生产蛋白药物的传统方法，是利用生物化学手段从生物体分离纯化，但来源有限、提取成本高，因此价格昂贵而极大地限

生命科学之奇——现实中的神话

制了应用。

20世纪90年代后期动物克隆技术的兴起使得科学家开辟出一条生产蛋白多肽类药物的新途径——利用转基因手段将编码药用蛋白的基因转入动物体内,利用转基因动物作为一座"工厂"来生产我们希望的药用蛋白。这一方法借用动物或动物的某一器官作为"反应器"用于生产蛋白,被称为动物生物反应器,这一理念对生物制药的发展也产生了革命性的推动。

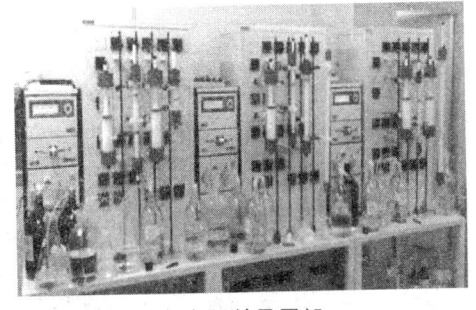
◆蛋白质药物的市场前景展望

 **知识窗——如何利用动物为生物反应器生产药用蛋白**

让动物为我们合成蛋白,需要保证外源蛋白的合成不会扰乱动物正常的代谢过程,因此一般将蛋白的合成限定在动物一定的器官里,同时为了方便获取生产的蛋白,一般选择那些蛋白会分泌至体外的器官生产。目前,比较理想的蛋白合成或获取的部位主要包括:乳腺、血液、唾液、精囊、尿液、卵等。蛋白在特定器官合成后通过上述体液分泌至体外便能方便获得目标蛋白了。在这些部位中,乳腺又具有得天独厚的优势,因此也成为了研究人员的首选。牛因为产奶量高,牛生物反应器也成为了应用最为广泛的、最有发展潜力的一类反应器。

◆乳房生物反应器

安全、廉价、环保、高效地生产任何一种天然存在或人工设计的营养、药用蛋白质,一直是科学家梦寐以求的一件事。近年来,生物技术领域的革命性突破,使得这一梦想越来越接近现实……

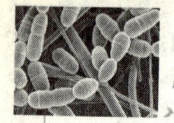

**QUWEI SHENGMING
KEXUE TUJIE**

趣味生命科学图解

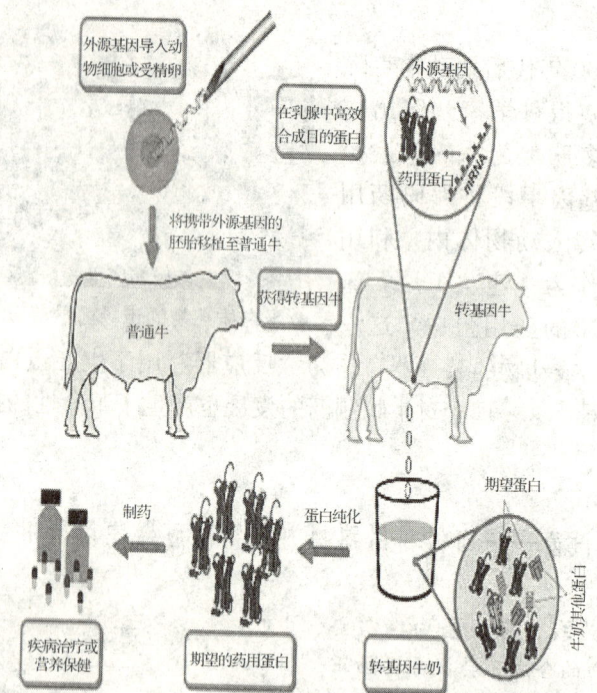

◆吃的是草，挤的是奶，产的是药

生物世界漫游

生命科学之美

——生命科学与文学艺术

大自然,尤其是生命科学领域是文学、艺术创作的源泉。古往今来,国内外诗人、画家和作家借动物以言志,留下许多名篇佳作;自然界的植物五彩缤纷,人们的情感世界更是丰富多彩,自然界的景致牵动着人们的情感,人们又喜欢将自己的情感赋予花草树木,谱写出一篇又一篇名篇佳作。

许多佳作是诗人、画家和作家对自然景观的观察、筛选,并融入个人的情感而创作出来的,是自然世界在诗人心中的投影。这些诗人、画家和作家可看作是一种观察和思考的结果,这和科学研究的结果具有一定的相似性,相当于简单的科学探究结果并对生命现象进行解释的案例。本章通过动物与文学艺术、植物与文学艺术为主线,展示生命科学之美。

◆中国国画

生命科学之美——生命科学与文学艺术

借动物以言志
——动物与文学

动物不仅在科学技术上和发明创造上给人以启迪,同时也是人类文学创作的源泉,认真观察动物,仔细领略其中的奥秘,会使人获益匪浅的。

古往今来,国内外诗人和作家借动物以言志,留下许多名篇佳作。

鸟与文学艺术

大自然是文学、艺术创作的源泉。在鸟类——这个大自然的"宠儿"的启迪下,诗人、画师和艺人们从鸟类的形象和生活中不断吸取营养,谱写出一篇又一篇名篇佳作。

早在我国古代的《诗经·关雎》里,就有"关关雎鸠,在河之洲,窈窕淑女,君子好逑"等诗句。这些对青年男女爱情生活的细腻描写,读来是何等瑰丽、清新。

◆一对恋爱中的雎鸠在散步

鸟飞反故乡兮,狐死必首丘。——战国末期楚国人·屈原《九章哀郢》

山气日夕佳,飞鸟相与还。——东晋·陶渊明《饮酒》

唐诗、宋词、元曲都是我国优秀的文学遗产。其中有很多是以鸟类为题材的。在这些诗、词、曲中,诗人们不仅以鸟来抒怀,而且还有许多写实的描述。

趣味生命科学图解

◆《春望》诗意图

◆蓝紫金刚鹦鹉

生物世界漫游

唐诗

《春望》
唐·杜甫
国破山河在,城春草木深。
感时花溅泪,恨别鸟惊心。
烽火连三月,家书抵万金。
白头搔更短,浑欲不胜簪。

本诗是杜甫"安史之乱"期间在长安所作的。唐肃宗至德元年(756年)八月,杜甫从鄜州(现在陕西富县)前往灵武(现在属宁夏)投奔肃宗,途中为叛军所俘,后困居长安。该诗作于次年三月。全篇忧国,伤时,念家,悲己,显示了诗人一贯心系天下、忧国忧民的博大胸怀。这正是本诗沉郁悲壮、动慨千古的内在原因。

"感时花溅泪,恨别鸟惊心。"这两句一般解释是,对乱世别离的悲凉情景,花也为之落泪,鸟也为之惊心。作者触景生情,移情于物,正见好诗含蕴之丰富,并运用互文手法,可译为"感时恨别花溅泪,感时恨别鸟惊心"。

宋词

"过春社了,度帘幕中间,去年尘冷。差池欲往,试入旧巢相并。还相雕梁藻井。……"——宋·史达祖《双双燕咏燕》

百啭千声随意移,山花红紫树高低。始知锁向金笼听,不及林间自在啼。——宋·欧阳修《画眉鸟》

西塞山前白鹭飞,桃花流水鳜鱼肥。——宋·张志和《渔歌子》

◆红腹锦鸡

生命科学之美——生命科学与文学艺术

辛弃疾是宋代的一个爱国词人,在他的词里,很多地方写到鸟,并以鸟的鸣叫来抒发国仇家恨。例如:"绿树听鹈鴂,更那堪、鹧鸪声住,杜鹃声切。啼到春归无寻处,苦恨芳菲都歇。……""江晚正愁予,山深闻鹧鸪。"

元散曲

"叫春山杜鹃何太愁?直啼得绿肥红瘦。"(元散曲),这些描述真实地反映了鸥、鹭、杜鹃和燕子的生活,甚至连燕子南来的时间,寻觅旧巢的习性以及当它看到似曾相识的画梁和天花板时的神态,都生动地描写出来了。说明诗人对鸟类的形态和生活习性已经有了深刻的观察。

◆火烈鸟

现代文学

古代文学如此,现代文学也如此。毛泽东的"鹰击长空,鱼翔浅底,万类霜天竞自由!怅寥廓,问苍茫大地,谁主沉浮?"既隐喻着人民革命的风起云涌,更洋溢着革命者以天下为己任的豪情壮志。

在郭沫若的《女神·凤凰涅槃》中,凤凰是祖国和民族的象征,也是向旧势力、旧传统彻底决裂的叛逆者的形象。凤凰的自焚象征着旧中国的毁灭;凤凰的再生象征着祖国的新生……

◆鹰击长空

国外文学

在高尔基的《海燕》中,那海燕是勇敢的无产阶级革命战士的化身,在雷电交加、狂风呼啸、乌云压顶的海面上,海燕振翅奋飞,斗志昂扬地迎接暴风雨的到来……《海燕》是充满革命浪漫主义激情的诗篇,这些气势奔放的诗句,使人越读越觉得精神振奋,越读越觉得海燕的可敬和可爱。

◆海燕,让暴风雨来得更猛些吧!

趣味生命科学图解

寄予植物的情怀
——植物与文学

生物世界漫游

自然界的植物五彩缤纷，人们的情感世界更是丰富多彩，自然界的景致牵动着人们的情感，人们又喜欢将自己的情感赋予花草树木，谱写出一篇又一篇名篇佳作。

许多诗词是诗人对自然景观的观察、筛选，并融入个人的情感而创作出来的，是自然世界在诗人心中的投影。这些诗词可看作是一种观察和思考的结果，这和科学研究的结果具有一定的相似性，相当于简单的科学探究结果并对生命现象进行解释的案例。

左图是卓素绢编著《植物，我的精神导师 88 首启发精神灵性的植物诗词名句》。本书选录了88首清心养性的植物诗词名句，通过阅读诗词启发人们开放大智慧、唤醒真诚心性、养成质朴习惯、激发敏锐的感官、寻回灵性本我、勇于活出自我。

拓展思考

1. 自己读过哪些启发智慧的植物诗词名句？
2. 自己读过哪些唤醒真诚心性的植物诗词名句？
3. 自己读过哪些养成质朴习惯的植物诗词名句？
4. 自己读过哪些激励勇于活出自我的植物诗词名句？

生命科学之美——生命科学与文学艺术

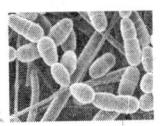

描写花的古诗

感时花溅泪,恨别鸟惊心。
——(杜甫《春望》)
夜来风雨声,花落知多少。
——(孟浩然《春晓》)
花间一壶酒,独酌无相亲。
——(李白《月下独酌》)
借问酒家何处有,牧童遥指杏花村。
——(杜牧《清明》)
西塞山前白鹭飞,桃花流水鳜鱼肥。
——(张志和《渔歌子》)
竹径通幽处,禅房花木深。
——(常建《题破山寺后禅院》)
无可奈何花落去,似曾相识燕归来。
——(晏殊《浣溪沙》)
待到重阳日,还来就菊花。
——(孟浩然《过故人庄》)
晓看红湿处,花重锦官城。
——(杜甫《春夜喜雨》)
黄四娘家花满蹊,千朵万朵压枝低。
——(杜甫《江畔独步寻花》)

◆《月下独酌》诗意图

◆《江畔独步寻花》诗意图

知识链接——凌波仙子"水仙花"与文学

水仙花素以"寒冬仙女、素雅清香"的芳姿名声远播。寒冬腊月,水仙能在一碟清水中展开青翠的叶片,开出素雅芳香的花朵,给人们带来生气和春意,更是众多文人墨客创造的灵感之源。

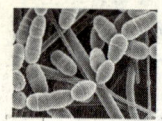

**QUWEI SHENGMING
KEXUE TUJIE**

趣味生命科学图解

生物世界漫游

◆水仙花

◆婷婷玉立——水仙花

　　水仙花属石蒜科、水仙属多年生草本植物，鳞茎生得颇像洋葱、大蒜，故六朝时称"雅蒜"，宋朝称"天葱"。之后，人们还给她取了不少巧妙、美丽的名字，如金盏、银台、俪兰、雅客、女星等等。

《水仙花》
杨万里
生来弱体不禁风，匹似颁花较小丰。
脑子酿熏众香国，江妃寒损水晶宫。
银台金盏何谈俗，矾弟梅兄未品公。
寄语金华老仙伯，凌波仙子更凌空。

《王充道送水仙花五十枝》
黄庭坚
凌波仙子生尘袜，水上轻盈步微月。
是谁招此断肠魂，种作寒花寄愁绝。
含香体素欲倾城，山矾是弟梅是兄。
坐对真成被花恼，出门一笑大江横。

描写草的古诗

离离原上草，一岁一枯荣。
　　——（白居易《赋得古原草送别》）
国破山河在，城春草木深。
　　——（杜甫《春望》）

生命科学之美——生命科学与文学艺术

谁言寸草心,报得三春晖。
——(孟郊《游子吟》)
林暗草惊风,将军夜引弓。
——(卢纶《塞下曲》)
独怜幽草涧边生,上有黄鹂深树鸣。
——(韦应物《滁州西涧》)
种豆南山下,草盛豆苗稀。
——(陶渊明《归园田居》)
道狭草木长,夕露沾我衣。
——(陶渊明《归园田居》)
乱花渐欲迷人眼,浅草才能没马蹄。
——(白居易《钱塘湖春行》)
苔痕上阶绿,草色入帘青。
——(刘禹锡《陋室铭》)
茅檐低小,溪上青青草。
——(辛弃疾《清平乐·村居》)
北风卷地白草折,胡天八月即飞雪。
——(岑参《白雪歌送武判官归京》)

描写柳的古诗

碧玉妆成一树高,万条垂下绿丝绦。
——(贺知章《咏柳》)
山重水复疑无路,柳暗花明又一村。
——(陆游《游山西村》)
两个黄鹂鸣翠柳,一行白鹭上青天。
——(杜甫《绝句》)
羌笛何须怨杨柳,春风不度玉门关。
——(王之涣《凉州词》)
最是一年春好处,绝胜烟柳满皇都。
——(韩愈《早春呈水部张十八员外

◆《滁州西涧》诗意图

◆《白雪歌送武判官归京》诗意图

◆杨柳

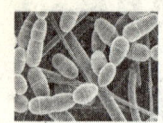

趣味生命科学图解

二首》）

沾衣欲湿杏花雨，吹面不寒杨柳风。
　　——（志南《绝句》）
春城无处不飞花，寒食东风御柳斜。
　　——（韩愈《寒食》）
渭城朝雨浥轻尘，客舍青青柳色新。
　　——（王维《送元二使安西》）
杨柳青青江水平，闻郎江上唱歌声。
　　——（刘禹锡《竹枝词》）

描写树的古诗

枯藤老树昏鸦，小桥流水人家，古道西风瘦马。
　　——（马致远《天净沙·秋思》）
昨夜西风凋碧树，独上高楼，望尽天涯路。
　　——（晏殊《蝶恋花》）
忽如一夜春风来，千树万树梨花开。
　　——（岑参《白雪歌送武判官归京》）

◆《送元二使安西》诗意图

◆小桥流水人家诗意图

沉舟侧畔千帆过，病树前头万木春。
　　——（刘禹锡《酬乐天扬州初逢席上见赠》）
碧玉妆成一树高，万条垂下绿丝绦。
　　——（贺知章《咏柳》）
绿树村边合，青山郭外斜。
　　——（孟浩然《过故人庄》）
树木丛生，百草丰茂。
　　——（曹操《观沧海》）
泉眼无声惜细流，树阴照水爱晴柔。
　　——（杨万里《小池》）

生命科学之美——生命科学与文学艺术

鸟宿池边树,僧敲月下门。
——(贾岛《题李凝幽居》)

晴川历历汉阳树,芳草萋萋鹦鹉洲。
——(崔颢《黄鹤楼》)

◆《观沧海》诗意图

生物世界漫游

QUWEI SHENGMING
KEXUE TUJIE

趣味生命科学图解

文学果酒区
——葡萄酒与文学

对于葡萄酒的描述，除了有历代一些仁人志士，还有大量古今中外的文人墨客们，都对葡萄酒吟词咏诗过。以致在唐代的许多诗句中，葡萄酒的芳名屡屡出现。

唐朝诗人王翰在《凉州词》中写道："葡萄美酒夜光杯，欲饮琵琶马上催。醉卧沙场君莫笑，古来征战几人回。"盛在夜光杯里的葡萄美酒，更衬出"醉卧沙场"、征人不归的悲壮。

◆葡萄酒

◆【凉州词二首】诗意图

刘禹锡诗云："我本是晋人，种此如种玉，酿之成美酒，尽日饮不足"；韩愈在《燕河南府秀才得生字》中有"柿红蒲萄紫，看果相扶攲。芳茶出蜀门，好酒浓且清"的诗句。白居易也有不少葡萄与葡萄酒诗，《和梦游春诗一百韵》中有"带襭紫蒲萄，袴花红石竹"的诗句；在《房家夜宴喜雪戏赠主人》中有"酒钩送盏推莲子，烛泪粘盘垒蒲萄"的句子。

《对酒》李白

蒲萄酒，金叵罗，吴姬十五细马驮。青黛画眉红锦靴，道字不正娇唱歌。玳瑁筵中怀里醉，芙蓉帐底奈君何。